水利工程数值模拟方法及应用

王 娟 郭进军 张 鹏 张立红 著

中国建筑工业出版社

图书在版编目（CIP）数据

水利工程数值模拟方法及应用 / 王娟等著. — 北京：中国建筑工业出版社，2024.6
ISBN 978-7-112-29756-6

Ⅰ. ①水… Ⅱ. ①王… Ⅲ. ①水利工程－有限元分析－数值模拟－应用软件 Ⅳ. ①TV-39

中国国家版本馆 CIP 数据核字（2024）第 074871 号

我国的水利水电建设发展迅速，特别是在近三十年，已建、在建和拟建的水利工程在规模上、难度上均超过现有的世界水平，将面临诸多关键科技难题。水利工程建设中的水工材料和水工结构设计和安全评价等都面临着新的形势。随着混凝土结构工程应用条件复杂性的增加，对水工建筑物等结构设计、性能评价、寿命预测等仅依靠传统理论求解方法已无法满足要求，需结合数值模拟方法，更为精确地模拟水利工程实际结构、基础、荷载等施工期和服役期条件，分析水利工程结构安全和服役性能变化。全书主要内容包括：水利工程发展概况；水利枢纽概述；水利工程设计计算方法；水利工程中有限元法的应用；有限元法基本理论；混凝土重力坝静动力分析；拱坝静动力分析；大体积混凝土温度应力计算；土石坝渗流分析；混凝土强度细观计算。

本书主要阐述了传统的有限元方法、离散元方法以及新型发展的数值计算方法，并结合水利工程中静力分析、动力特性分析、温度应力分析、渗流分析、材料性能劣化规律等数值模拟需求，以采用大型商业软件案例分析的形式，详细讨论数值模拟方法在水利工程中的应用，具有一定的创新性，是一本可以指导学生学习数值模拟方法、初学者学习水利工程数值仿真本领的图书。

责任编辑：辛海丽
文字编辑：王　磊
责任校对：姜小莲

水利工程数值模拟方法及应用

王　娟　郭进军　张　鹏　张立红　著

*

中国建筑工业出版社出版、发行（北京海淀三里河路9号）
各地新华书店、建筑书店经销
北京红光制版公司制版
北京君升印刷有限公司印刷

*

开本：787 毫米×1092 毫米　1/16　印张：14¼　字数：351 千字
2024 年 8 月第一版　　2024 年 8 月第一次印刷
定价：**58.00** 元
ISBN 978-7-112-29756-6
（42329）

版权所有　翻印必究
如有内容及印装质量问题，请联系本社读者服务中心退换
电话：（010）58337283　　QQ：2885381756
（地址：北京海淀三里河路 9 号中国建筑工业出版社 604 室　邮政编码：100037）

目 录

1 绪论 ·· 1
  1.1 水利工程发展概况 ··· 1
  1.2 水利枢纽概述 ··· 2
    1.2.1 水利枢纽分类 ··· 2
    1.2.2 水利枢纽功能与分布 ··· 2
  1.3 水利工程设计计算方法 ··· 4
    1.3.1 大坝应力变形计算 ·· 4
    1.3.2 大坝抗震计算 ··· 6
    1.3.3 大坝渗流计算 ··· 9
  1.4 水利工程中有限元法的应用 ·· 10

2 有限元法基本理论 ·· 12
  2.1 有限元法的要点和特性 ··· 12
    2.1.1 有限元法要点 ··· 12
    2.1.2 有限元法特性 ··· 13
  2.2 有限元法理论基础 ··· 13
    2.2.1 等效积分形式和加权余量法 ···································· 14
    2.2.2 变分原理和里兹方法 ··· 18
    2.2.3 弹性力学的基本方程和变分原理 ····························· 22
  2.3 有限元法求解步骤 ··· 34

3 混凝土重力坝静动力分析 ··· 35
  3.1 概述 ·· 35
  3.2 计算原理 ·· 35
    3.2.1 静力分析方法 ··· 35
    3.2.2 地震响应分析方法 ·· 36
    3.2.3 计算流程 ··· 37
  3.3 混凝土重力坝算例分析 ··· 38

  3.3.1 基本条件 ··· 38
  3.3.2 建立模型 ··· 39
  3.3.3 划分网格 ··· 45
  3.3.4 施加荷载与约束 ··· 47
  3.3.5 静力求解设置 ·· 51
  3.3.6 动力分析设置 ·· 52
  3.3.7 静力求解结果 ·· 59
  3.3.8 动力分析结果 ·· 63
 3.4 命令流 ··· 67

4 拱坝静动力分析 ··· 72
 4.1 概述 ··· 72
 4.2 计算原理 ·· 72
 4.3 拱坝静动力算例分析 ··· 73
  4.3.1 基本情况 ··· 73
  4.3.2 创建物理环境 ·· 74
  4.3.3 建立模型 ··· 77
  4.3.4 划分网格 ··· 90
  4.3.5 施加荷载 ··· 91
  4.3.6 动力求解设置 ·· 91
  4.3.7 静力分析结果 ·· 98
  4.3.8 动力计算结果 ·· 100
 4.4 命令流 ··· 103

5 大体积混凝土温度应力计算 ··· 116
 5.1 概述 ··· 116
 5.2 计算原理 ·· 116
  5.2.1 温度场有限元计算公式 ··· 116
  5.2.2 温度应力有限元计算公式 ··· 118
  5.2.3 计算流程 ··· 119
 5.3 算例分析 ·· 120
  5.3.1 基本情况 ··· 120
  5.3.2 建立模型 ··· 120
  5.3.3 划分网格 ··· 121
  5.3.4 温度场计算过程及结果 ··· 122
  5.3.5 应力场计算过程及结果 ··· 131
 5.4 命令流 ··· 136

6 土石坝渗流分析 151

6.1 概述 151
6.2 计算原理 151
6.2.1 渗流分析计算方法 151
6.2.2 浸润线确定方法 153
6.2.3 计算流程 155
6.3 土石坝渗流分析算例 156
6.3.1 基本情况 156
6.3.2 建立模型 156
6.3.3 划分网格 160
6.3.4 建立水头节点组 162
6.3.5 求解设置 165
6.3.6 渗流求解结果 170
6.4 命令流 174

7 混凝土强度细观计算 176

7.1 概述 176
7.2 细观计算原理 176
7.2.1 骨料投放方法 177
7.2.2 界面过渡区生成方法 179
7.2.3 砂浆界面模拟方法 180
7.2.4 计算流程 180
7.3 算例分析 181
7.3.1 基本情况 181
7.3.2 建立模型 181
7.3.3 划分网格 181
7.3.4 施加荷载 182
7.3.5 求解设置 182
7.3.6 失效设置 183
7.3.7 结果分析 184
7.4 命令流 185

参考文献 214

1 绪论

1.1 水利工程发展概况

水作为人类生命的源泉,是社会生活发展不可或缺的重要资源,也是大自然中最活跃的要素[1-2]。水资源有很多独特的性质:补给更新的循环性、储量的有限性、时空分布的不均匀性以及利害性的两重性。水资源的用途很广泛且不可被取代,需要人类去研究、开发、控制、利用和保护。水利工程的出现,帮助人类实现了对水资源的可持续开发和利用。水利工程与一般土建工程相比,具有工程量大、投资多、工期长、工作条件复杂以及受自然条件影响较大等特点。

我国的水利工程历史可以追溯到数千年前,早在古代的农耕社会,人们就开始利用河流、湖泊和地下水资源进行灌溉,从而改善农田的水分供应。汉代修建了著名的都江堰和灵渠,这些工程被誉为世界水利工程的杰作,至今仍在发挥作用[3]。19世纪末和20世纪初,我国开始引入近代水利技术,包括大型水坝和水电站的建设[4]。最著名的工程之一是黄河的引黄工程,旨在控制黄河的洪水,提高农田灌溉效率。在20世纪中后期水利工程迎来了现代化的发展阶段,这一时期包括了大规模的水电站建设[5],如三峡大坝,它是世界上最大的水电站之一。此外,还有湖北、广东、四川等地的大型水利工程项目,用于洪水控制、灌溉、供水和水资源管理。1949年新中国成立后,水利工程成为国家建设的重要组成部分[6]。我国政府采取了一系列措施,加强了水资源的管理和水利工程的建设。在20世纪50年代,中国相继兴建了黄河、长江等大型水库,以解决长江流域的防洪问题。然而,在一些历史时期,由于政治动荡、自然灾害等,水利工程的维护和发展受到了影响。在1966—1976年,许多水利工程项目停滞不前,维护管理也遭到了疏忽,这导致了一些严重的水害事件,如1975年的长江洪水,这段时期水利工程受到了巨大的冲击。自1978年我国实施改革开放政策以来,水利工程得到了迅猛发展。国家对水利工程的投入不断增加,技术水平不断提高,工程规模不断扩大[7]。一系列大型水库、水电站、灌溉工程等相继建成,有效提高了水资源的利用效率,确保了国家的水安全[8]。

现如今水利工程更加注重可持续性和环境保护。"十二五"规划期间,我国政府将水利工程发展纳入国家战略发展规划,提出了一系列战略部署:强调水资源的可持续利用,推动生态文明建设,保护水生态环境;加大对农村水利基础设施建设的投入,提高农村饮水、灌溉和防洪抗旱能力;加快推进大型水利工程项目,包括大坝、水库等,以满足国家的防洪和供水需求。在"十二五"规划时期,我国水利工程取得了显著成就:全面提升了城乡供水保障水平;强化了对江河湖泊的治理和对洪水、干旱的防控能力,减少了自然灾害的损失;推动了水资源的合理分配和可持续利用。"十三五"规划时,政府进一步升级了水利工程的发展战略,将水利工程与生态文明建设更紧密地结合,实现生态与经济的双赢。"十三五"规划时期，我国水利工程的发展重点主要集中在以下几个领域：强化水环境治理，提高水质，保护生态系统的健康；积极发展水电能源，提供清洁能源，满足国家能源需求。随后，"十四五"规划时期我国将推动水利工程发展的新技术和新模式，包括智能水利、数字水利、互联网＋水利等，提高水利工程的管理和运行效率。

未来，水利工程将更加注重可持续发展。这包括提高能源效率、减少环境影响、维护生态平衡等方面。水电站和水资源管理将更加注重生态保护，确保水生态系统的健康。随着科技的发展，水利工程也将更加智能化和信息化。传感器、远程监控、大数据分析等技术将被广泛应用，以提高工程的运行效率和安全性。

1.2 水利枢纽概述

1.2.1 水利枢纽分类

水利工程中最重要的组成部分是水利枢纽工程，一般由挡水建筑物、泄水建筑物、进水建筑物以及必要的水电站厂房、通航、过鱼、过木等专门性的水工建筑物组成。其中，挡水建筑物是整个水利枢纽的核心，它的稳定性对于整个水利枢纽的安全运行至关重要。挡水建筑物种类繁多，应用最普遍的主要有土石坝、重力坝以及拱坝，少数则采用支墩坝，连拱坝等形式[7]。大坝由多个部分组成，是水利工程的核心部位，具有协调防洪、泄洪、发电以及提供水资源等水利功能，是保障我国水利发展的重要工程建设[8]。

根据国际大坝委员会（ICOLD）对大型坝的定义：从最低地基到山顶的高度为15m或更高的水坝，或5～15m之间的水坝，蓄水量超过 300 万 m³。国际大坝委员会统计数据显示[9]：根据 2020 年 4 月的登记注册，全球现有大坝数量为58713座水坝。其中，我国占全球总量的 40.6%，是大坝数量最多的国家，世界各国大坝数量统计图见图 1.1。大坝有多种不同类型，根据功能和结构主要被划分为重力坝、堆石坝、拱坝和土石坝。

其中土石坝是目前发展最快的一种坝型。在我国已建成的大坝中，超过 15m 高的水坝就有 9 万多座，其中 90% 以上为土石坝[10]。土石坝的主要作用是挡水、灌溉、供水和防洪。截至 2023 年 4 月，已有数据表明（图 1.2）土石坝占据了所有水坝的约 67.32%。

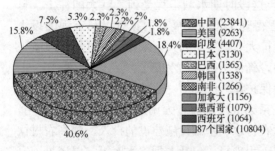

图 1.1 世界各国大坝数量统计图

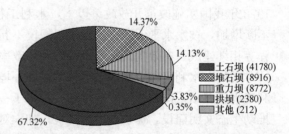

图 1.2 世界大坝类型分布图

1.2.2 水利枢纽功能与分布

大坝有多种重要的用途[11]。首先，大坝可以通过拦截河流、湖泊或小溪的水流，将水储存于水库中。这个蓄水功能非常关键，尤其在干旱时期，它能够为城市、农业和工业提供可靠的水源，有效地解决供水问题。其次，大坝通常与水电站结合使用，利用水流的运动来带动涡轮发电机，从而产生电能。这种水电发电是一种清洁能源，对于满足国家电力需求和减少碳排放具有极大的重要性。此外，大坝还可以对河流水位进行调节，控制洪水的流量，从而降低洪水对沿岸地区的损害，在防洪和灾害管理方面发挥关键作用。一些大坝还设有船闸，方便船只通行，促进内陆水路运输，降低物流成本。最后，大坝还可以改善河流的生态系统，包括改善水质和恢复栖息地等方面，有助于保护和维护生态平衡，且多数大坝具有两种以上用途。总的来说，大坝在多个领域都具有重要应用。根据其用途大致分为两类：单一用途大坝和多用途大坝。具体统计信息如图 1.3 所示。

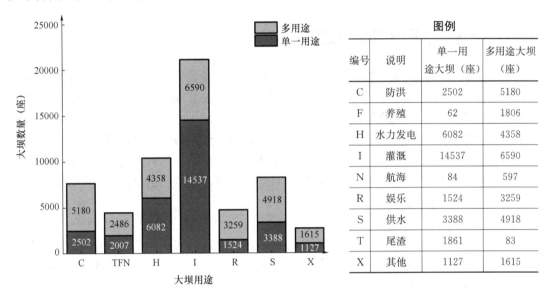

图 1.3 大坝用途统计图（TFN 表示编号 T、F 和 N 之和）

水利枢纽分布广泛，涵盖了各个地区，主要集中在中国大陆的各大河流流域。

（1）长江流域：长江流域有许多其他水利枢纽工程和大坝，用于不同的目的，包括发电、防洪、航运、供水等。大坝数量相对较多。如著名的三峡大坝、丹江口水库、葛洲坝等水利工程。

（2）黄河流域：黄河也有许多重要的水利枢纽，主要用于灌溉、供水、防洪。如三门峡水库、太行山水库等。

（3）珠江流域：珠江流域有许多重要的水利枢纽工程。如小江、九龙江、澜沧江等的水电站和水库。

（4）松花江流域：位于中国东北地区，有松花江、乌苏里江、图们江等重要河流，这些河流上有一些水利枢纽工程。如五家河水电站、罗布泊水电站等。

（5）淮河流域：淮河流域位于中国东部，有洪泽湖、宿松水库等重要的水利枢纽工程，用于灌溉、防洪、供水等。

（6）西南地区：西南地区诸多河流如金沙江、雅砻江、怒江等，拥有众多的水利枢纽工程，包括金沙江第一高坝、雅砻江第一高坝等。

（7）西北地区：西北地区的黄河、长江上游以及额尔齐斯河等，也有一些重要的水利枢纽工程，用于发电、灌溉和水资源调配。

这些水利枢纽工程为我国的经济社会发展提供了重要的支撑。同时，也需要在发展的过程中考虑生态环境保护等问题，确保可持续发展[12]。一方面，由于我国水资源的分布存在时空不均匀性，大部分水资源分布在西部地区和西南地区[13-14]，为修建大型水利工程提供了得天独厚的优势条件，这也就导致我国的水利设施也大多修建于这些地区。另一方面，由于我国处于欧亚地震带和环太平洋地震带交汇处，地震活动十分频繁，属于严重受地震影响的国家，并且地震发生地主要集中在西部地区和西南地区，这就促使我国在修建水利设施尤其是混凝土大坝时不得不考虑自然环境作用的影响，所以对混凝土大坝进行受力分析与稳定性研究十分必要且具有重要的意义。

1.3　水利工程设计计算方法

随着现代技术的发展，我国水利工程不再仅追求建设数量，而是更加注重工程的效益和质量。水利工程具有一定的特殊性，在建成后往往需要长期运行。如果大坝设计不到位很容易出现渗漏、坝体沉降等情况，严重影响水利工程的正常运作，并给附近居民的财产和人身安全造成一定威胁。因此，水利工程的设计对于其运行年限具有重要意义。

水工建筑物设计时，首先要计算建筑物上所承受的荷载，然后进行荷载组合，以及进行应力分析、渗流计算、沉降计算、抗震设计等。目前，国家已制定出相应的设计标准。

1.3.1　大坝应力变形计算

我国是混凝土坝大国，已完建混凝土坝的数量及高度均居世界首位，并且今后还要继续兴建一定数量的混凝土坝。由于许多大坝要承受重力、水压力等长期荷载的作用，这使得混凝土大坝的应力-应变分析变得异常复杂。为确保工程和人民生命财产的安全，必须对坝体本身以及坝体基础进行详细的计算分析。

混凝土应力分析对于不同坝型有相似的计算内容和计算方法，本节针对重力坝和拱坝应力分析进行简要介绍。

作用在混凝土坝上的荷载可分为基本荷载和特殊荷载[15]：

1) 混凝土基本荷载包括下列内容：

（1）坝体及坝上永久设备自重；

（2）正常蓄水位、设计洪水位时大坝上游面、下游面的静水压力；

（3）扬压力；

（4）淤沙压力；

（5）正常蓄水位或设计洪水位时的浪压力；

（6）冰压力；

（7）土压力；

（8）设计洪水位时的动水压力；

（9）其他出现机会较多的荷载。

2) 特殊荷载包括下列内容：

（1）校核洪水位时大坝上游面、下游面的静水压力；

(2) 校核洪水位时的扬压力；
(3) 校核洪水位时的浪压力；
(4) 校核洪水位时的动水压力；
(5) 排水失效时的扬压力；
(6) 地震作用；
(7) 其他出现机会很少的荷载。

3) 应力计算可根据工程规模和坝体结构情况，计算下列内容的部分、全部，或另加其他内容：

(1) 计算坝体选定截面上的应力（应根据坝高、坝体结构等因素合理选定计算截面，包括坝基面、折坡处的截面及其他需要计算的截面）；

(2) 计算坝体削弱部位（如孔洞、泄水管道、电站引水管道部位等）的局部应力；

(3) 计算坝体个别部位的应力（如闸墩、胸墙、导墙、进水口支承结构、宽缝重力坝的头部等）；

(4) 坝基内部的应力。

混凝土重力坝应以材料力学法和刚体极限平衡法计算成果作为确定坝体断面的依据，有限元法作为辅助方法。对于不能作为平面问题处理的坝体或坝段，以及其他不能用材料力学法进行应力分析的结构，可采用线弹性有限元法分析。采用线弹性有限元法计算的坝基应力，其坝踵部位垂直拉应力区宽度，宜小于坝踵至帷幕中心线的距离，且宜小于坝底宽度的 0.07 倍。采用线弹性有限元法计算坝体应力时，单元形状及剖分精度应结合坝体体形合理选用，计算模型及计算条件等应接近于实际情况[16]。

有限元等效应力应符合下列要求：

1) 运用期阶段
(1) 坝体上游面的垂直应力不出现拉应力（计扬压力）；
(2) 坝体最大主压应力不应大于混凝土的容许压应力值；
(3) 在地震工况下，坝体应力不应大于混凝土动态容许应力。

2) 施工期阶段
(1) 坝体任何截面上的主压应力不应大于混凝土的容许压应力；
(2) 在坝体的下游面，主拉应力不大于 0.2MPa。

坝体局部区域拉应力应符合下列规定：

(1) 宽缝重力坝离上游面较远的局部区域，允许出现拉应力，但不超过混凝土的容许拉应力；

(2) 当溢流坝堰顶部位出现拉应力时，应配置钢筋；

(3) 廊道及其他孔洞周边的拉应力区域，宜配置钢筋；有论证时，可少配或不配钢筋；

(4) 对超出指标的，应分析其原因，采取有关处理措施。

重力坝坝基面坝踵、坝趾的垂直应力应按下式计算：

$$\sigma_y = \frac{\sum W}{A} + \frac{\sum M \cdot x}{J} \tag{1.1}$$

式中：σ_y 为坝基截面垂直应力（kPa）；$\sum W$ 为作用于坝段上或 1m 坝长上全部荷载

（包括扬压力，下同）在坝基截面上法向力的总和（kN）；$\sum M$ 为作用于坝段上或 1m 坝长上全部荷载对坝基截面形心轴的力矩总和（kN·m）；A 为坝段或 1m 坝长的坝基截面积（m²）；x 为坝基截面上计算点到形心轴的距离（m）；J 为坝段或者 1m 坝长的坝基截面对形心轴的惯性矩（m⁴）。

拱坝应力分析的基本方法为拱梁分载法[15]。拱坝应力分析内容与混凝土重力坝相比还应包括封拱温度对坝体应力的影响，并优选对坝体应力有利的封拱温度。1级、2级拱坝和高拱坝或情况比较复杂的拱坝（如拱坝内设有大的孔洞、地质条件复杂等），除应采用拱梁分载法计算外，还应进行线弹性有限元法分析。对于高拱坝和情况复杂的拱坝，必要时可采用非线性有限元法进行分析。采用线弹性有限元法计算坝体应力时，基础计算范围应不小于1.5倍坝高，并应结合坝址地形、地质条件、拱坝规模合理选择单元形式和划分单元网格。应力成果应进行等效处理。按有限元等效应力计算的坝体主拉应力和主压应力应符合下列应力控制指标的规定：（1）坝体的主压应力不应大于混凝土的容许压应力。（2）坝体的主拉应力不应大于混凝土的容许拉应力。（3）对于基本荷载组合，混凝土的容许拉应力为1.5MPa，对于非地震情况特殊荷载组合，混凝土的容许拉应力为2.0MPa。

1.3.2 大坝抗震计算

我国诸多大坝都是修建在高烈度的地震多发区，坝体主要承受自重、设备重、动水及静水压力等长期荷载作用外，还承受偶发地震作用，为保证大坝安全正常运行和人民生命财产的安全，防止偶发地震对坝体造成破坏，对大坝进行抗震安全分析是极为必要的。目前常见的地震响应分析方法主要有三种：拟静力法、反应谱分析法和动力时程分析法。一般情况下，水工建筑物抗震计算应考虑的地震作用为建筑物自重及其上面的荷重所产生的地震惯性力，地震动土压力，水平向地震作用的动水压力。

1. 土石坝抗震计算

土石坝应采用拟静力法进行抗震稳定计算，设计烈度为8、9度的70m以上土石坝，或地基中存在可液化土时，应同时用有限元法对坝体和坝基进行动力分析，综合判断其抗震安全性。若用有限元法对坝体和地基进行动力分析宜符合下列基本要求[17]：

（1）按材料的非线性应力-应变关系计算地震前的初始应力状态；
（2）采用试验测定的材料动力变形特性和动态强度；
（3）采用等效线性化的或非线性时程分析法求解地震应力和加速度反应；
（4）根据地震作用效应计算沿可能滑裂面的抗震稳定性，以及计算由地震引起的坝体永久变形。

采用拟静力法进行抗震稳定计算时，对于均质坝、厚斜墙坝和厚心墙坝，可用瑞典圆弧法按式（1.2）进行验算，其作用效应和抗力的计算公式见式（1.3）和式（1.4）。

$$\gamma_0 \psi S(\gamma_G G_k, \gamma_Q Q_k, \gamma_E E_k, a_k) \leqslant \frac{1}{\gamma_d} R\left(\frac{f_k}{\gamma_m}, a_k\right) \quad (1.2)$$

式中：γ_0 为结构重要性系数；ψ 为设计状况系数，可取0.85；S 为结构的作用效应函数；γ_G 为永久作用的分项系数；G_k 为永久作用的标准值；γ_Q 为可变作用的分项系数；Q_k 为可变作用的标准值；γ_E 为地震作用的分项系数，取1.0；E_k 为地震作用的代表值；a_k 为几何参数的标准值；γ_d 为承载能力极限状态的结构系数；R 为结构的抗力函数；f_k 为材料性能的标准值；γ_m 为材料性能的分项系数。

$$S = \sum [(G_{E1} + G_{E2} \pm F_v)\sin\theta_t + M_h/r] \quad (1.3)$$

$$R = \sum \{cb\sec\theta_t + [(G_{E1} + G_{E2} + F_v)\cos\theta_t - F_h\sin\theta_t - (u - \gamma_m z)b\sec\theta_t]\tan\varphi\} \quad (1.4)$$

式中：r 为圆弧半径；b 为滑动体条块宽度；θ_t 为条块底面中点切线与水平线的夹角；z 为坝坡外水位高出条块底面中点的距离；u 为条块底面中点的孔隙水压力代表值；G_{E1} 为条块在坝坡外水位以上部分的实重标准值；G_{E2} 为条块在坝坡外水位以下部分的浮重标准值；F_h 为作用在条块重心处的水平向地震作用惯性力代表值，即条块实重标准值乘以条块重心处的 $a_h \xi a_i/g$；F_v 为作用在条块重心处的竖向地震惯性力代表值，即条块实重标准值乘以条块重心处的 $a_h \zeta a_i/3g$，其作用方向可向上（－）或向下（＋），以不利于稳定的方向为准；M_h 为 F_h 对圆心的力矩；c、φ 分别为土石料在地震作用下的凝聚力和摩擦角。

对于 1、2 级且 70m 以上土石坝，宜同时采用简化毕肖普法[18]。对于夹有薄层软黏土的地基，以及薄斜墙坝和薄心墙坝，可采用滑楔法计算。在拟静力法抗震计算中，质点 i 的动态分布系数，应按表 1.1 的规定采用。表 1.1 中 a_m 在设计烈度为 7、8、9 度时，分别取 3.0、2.5、2.0。

土石坝坝体动态分布系数 a_i 表 1.1

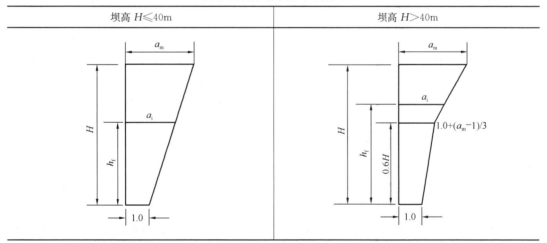

2. 重力坝抗震计算

重力坝抗震计算应包括坝体强度和整体抗滑稳定分析。重力坝的动力分析应以同时计入弯曲和剪切变形的动、静材料力学法为基本分析方法。对于工程抗震设防类别为甲类或结构复杂，或地基条件复杂的重力坝，宜补充有限元法动力分析。重力坝地震作用效应计算应采用动力法或拟静力法。对于工程抗震设防类别为乙、丙类的设计烈度低于 8 度且坝高小于或等于 70m 的重力坝，可采用拟静力法。采用动力法计算重力坝的地震作用效应时，应采用振型分解反应谱法。对特殊重要的重力坝，宜用时程分析法进行补充计算。

采用动力法验算重力坝坝体强度和坝基面上抗滑稳定时，抗压和抗拉强度结构系数应分别取 2.00、0.85，抗滑稳定的结构系数应取 0.60。可将式（1.5）计算的地震动水压力折算为与单位地震加速度相应的坝面附加质量：

$$p_w(h) = \frac{7}{8} a_b \rho_w \sqrt{H_0 h} \quad (1.5)$$

式中:$p_w(h)$ 为作用在直立迎水坝面水深 h 处的地震动水压力代表值;H_0 为水深;ρ_w 为水体质量密度标准值。

采用动力法验算重力坝坝体强度和坝基面上抗滑稳定时,抗压和抗拉强度结构系数应分别取 4.10、2.40,抗滑稳定的结构系数应取 2.70。采用拟静力法计算重力坝地震作用效应时,沿建筑物高度作用于质点 i 的水平向地震作用惯性力代表值应按下式计算:

$$F_i = a_h \zeta G_{Ei} a_i / g \tag{1.6}$$

$$a_i = 1.4 \frac{1 + 4(h_i/H)^4}{1 + 4\sum_{i=1}^{n} \frac{G_i}{G_E}(h_j/H)^4} \tag{1.7}$$

式中:F_i 为作用在质点 i 的水平向地震惯性力代表值;ζ 为地震作用的效应折减系数,除另有规定外,取 0.25;G_{Ei} 为集中在质点 i 的重力作用标准值;a_i 为质点 i 的动态分布系数;g 为重力加速度;n 为坝体计算质点总数;H 为坝高,溢流坝的 H 应算至闸墩顶;h_i、h_j 分别为质点 i,j 的高度;G_E 为产生地震惯性力的建筑物重力作用的标准值。

水深 h 处的地震动水压力代表值应按下式计算:

$$p_w(h) = a_h \zeta \psi(h) \rho_w H_0 \tag{1.8}$$

式中:$\psi(h)$ 为水深 h 处的地震动水压力分布系数,应按表 1.2 的规定取值。

重力坝地震动水压力分布系数 $\psi(h)$ 表 1.2

h/H_0	$\psi(h)$	h/H_0	$\psi(h)$
0.0	0.00	0.6	0.76
0.1	0.43	0.7	0.75
0.2	0.58	0.8	0.71
0.3	0.68	0.9	0.68
0.4	0.74	1.0	0.67
0.5	0.76		

3. 拱坝抗震计算

拱坝抗震计算应包括坝体强度和拱座稳定分析,分析方法应以静、动力拱梁分载法为基本分析方法。对于工程抗震设防类别为甲类,或结构复杂,或地基条件复杂的拱坝,宜补充作有限元法动力分析。拱坝的地震作用效应计算应用动力法或拟静力法。对于工程抗震设防类别为乙、丙类的设计烈度低于 8 度且坝高小于或等于 70m 的拱坝,可采用拟静力法计算。如果用动力法计算拱坝的地震作用效应时,宜采用振型分解反应谱法。对于特殊重要的拱坝,可用时程分析法进行补充计算。

如果用动力法验算拱坝坝体强度时,抗压和抗拉强度结构系数应分别取 2.0、0.85,抗滑稳定的结构系数应取 0.6。用动力法验算拱座岩体稳定时,岩体性能的分项系数取 1.0,抗剪强度参数取静态均值,其相应的结构系数应取 1.4,水平向单位地震加速度作用下的地震动水压力可折算为相应的坝面径向附加质量考虑。采用拟静力法计算拱坝地震作用效应时,各层拱圈各质点水平向地震惯性力沿径向作用,其代表值应根据式(1.9)进行计算,其中动态分布系数坝顶取 3.0,坝基取 1.0,且沿高程按线性内插,沿拱圈均匀分布。

$$F_i = a_h \zeta G_E a_i / g \qquad (1.9)$$

式中：F_i 为作用在质点 i 的水平向地震惯性力代表值；ζ 为地震作用的效应折减系数，除另有规定外，取 0.25；G_E 为集中在质点 i 的重力作用标准值；a_i 为质点 i 的动态分布系数；g 为重力加速度。

水平向地震作用的动水压力代表值可按式（1.10）计算，并乘以动态分布系数 a_i 和地震作用的效应折减系数 ζ。

$$p_w(h) = \frac{7}{8} a_b \rho_m \sqrt{H_0 h} \qquad (1.10)$$

用有限元法计算拱坝应力时，基础计算范围应不小于 1.5 倍坝高，单元形式的选择和单元的划分，对计算成果有一定影响。对于薄拱坝，坝体部分一般可采用三角形的壳体单元。对于厚拱坝和中厚拱坝，一般可采用 20 个节点的等参数单元或四面体为基础的组合单元，进行空间有限元分析。不论采用哪一种单元形式，在划分单元时，应保证有足够的单元和节点数，使计算结果能达到设计所要求的精度。按有限元等效应力计算的坝体，主拉应力和主压应力应符合下列应力控制指标的规定：

（1）坝体的主压应力不应大于混凝土的容许压应力，容许压应力等于混凝土强度值除以安全系数。

（2）坝体的主拉应力不应大于混凝土的容许拉应力。对于基本荷载组合，混凝土的容许拉应力为 1.5MPa；对于非地震情况特殊荷载组合，混凝土的容许拉应力为 2.0MPa。

目前工程上基本采用反应谱法和时程分析法进行抗震计算分析。1943 年美国学者 Biot[19] 提出了反应谱的概念，并绘制出世界上第一条弹性反应谱曲线。1948 年 Housner[20] 又提出了基于加速度反应谱曲线的弹性反应谱曲线。1956 年 Newmark[21] 在工程设计上率先使用了反应谱法，使反应谱法在实际工程和地震中得到了验证。20 世纪 60 年代，随着计算机技术的发展，一种基于逐步积分法将地震动作为一个动态的时间过程考虑，经历了十年的研究，时程分析法在国外得到了迅速的发展。经过上述三个阶段的发展，其抗震理论基本完善。

1.3.3 大坝渗流计算

混凝土坝是一种重要的水利工程结构，用于控制水流并储存水资源。在混凝坝的设计和施工过程中，渗流问题一直是一个重要的考虑因素。渗流是指地下水或水流穿过混凝土坝体结构的现象，这种现象可能会导致混凝土坝的稳定性和安全性问题。

渗流计算包括以下内容[22]：

（1）确定坝体浸润线及其下游逸出点的位置，绘制坝体及坝基内的等势线分布图或流网图；

（2）确定坝体与坝基的渗流量；

（3）确定坝坡逸出段与下游坝基表面的出逸坡降，以及不同土层之间的渗透坡降；

（4）确定库水位降落时上游坝坡内的浸润线位置或孔隙压力，确定坝肩的等势线、渗流量和渗透坡降。

对于 1 级、2 级坝和高坝应采用数值计算确定渗流域的各种渗流要素，高山峡谷的高坝和岸边绕坝渗流应进行三维数值分析法进行计算。渗流计算应考虑水库运行中的不利条件，包括下列水位组合情况：上游正常蓄水位与下游相应的最低水位；上游设计洪水位与下游相应的水位；上游校核洪水位与下游相应的水位；库水位降落前后的上、下游水位。

进行渗流计算时，对比较复杂的实际条件需要进行简化分析：渗透系数相差5倍以内的相邻薄土层可视为一层，采用加权平均渗透系数作为计算依据；双层结构坝基，如下卧土层较厚，且其渗透系数小于上覆土层渗透系数的1/100时，该层可视为相对不透水层；当透水坝基深度大于建筑物不透水底部长度的1.5倍以上时，可按无限深透水坝基情况估算。

1.4 水利工程中有限元法的应用

在混凝土设计规范中，就有限元计算的要求而言，迄今为止尚未形成统一的标准。然而，在当前的背景下，对于有限元数值计算的规范要求变得越发严格。近年来，由于大坝问题呈现出越来越复杂和多样化的特征，有限元方法在大坝应用领域的广泛程度不断增加。

随着建造坝型的越发复杂，基于有限元法的抗震分析基本发展起来。王旭东[23]基于ANSYS有限元软件采用反应谱法与时程分析法分别计算重力坝的动力响应，对重力坝进行抗震稳定分析。马跃[24]、曾迪[25]以实际水利工程为分析对象，按照规范规定要求对其进行抗震分析，评价大坝的安全性能。王旭东[26]，周兵[27]均采用ABAQUS有限元软件对重力坝进行塑性损伤分析，研究重力坝的极限抗震能力。王铭明[28]对高重力坝抗震问题进行了仿真分析，提出了附加质量模型的不足。宋良丰等[29]建立有限元模型对拱坝的孔口进行地震反应分析。程正龙、石熙冉对鲁皂水库重力坝进行了地震动力响应分析。基于传统解析法与经验法的不便以及实体模型模拟的困难，有限元仿真模拟分析，已经成为抗震分析中十分重要的一部分。

随着计算机科学技术的蓬勃发展，有限元数值模拟方法在渗流分析研究中逐渐受到重视，并迅速在工程界中得到广泛应用。Lam[30]首次提出了TRASEE模型的概念，能有效解决边界条件复杂、几何形状不规则的饱和-非饱和渗流问题。Zhong等[31]、Zhan等[32]以降雨数据为依托，结合渗流相关理论，分析了降雨对渗流场的影响。叶乃虎[33]用有限元法计算土石坝工程渗流，将计算得到的结果与实际测得的数据进行比较发现两者没有太大差别，再次验证了有限元方法的可靠性。2003年，许玉景等[34]为了研究渗流场问题，首次尝试了利用温度场来建立相关的渗流模型，并且采用ANSYS软件的热分析完成了对渗流场的模拟计算分析，利用生死单元计算土石坝稳定渗流问题，这开辟了一条新的计算土石坝稳定渗流问题的途径，为实际工程提供了方便的条件。2008年，通过二次开发的APDL程序设计语言和ANSYS程序中优化设计模块，将于斌[35]随机反演的方法和步骤，应用于土石坝渗流分析程序的渗透参数反演，实现了土石坝渗流场的ANSYS有限元分析。马洪图[36]通过ANSYS有限元软件构建土石坝二维模型，结合固定网格修正系数法，求解出坝体渗流量和浸润线位置等相关数据，论证了软件分析的合理性。

由于混凝土结构的复杂性，在混凝土热分析计算时，可以利用有限元软件对混凝土绝热温升进行热-固耦合数值模拟，根据实际工程案例进行数据对比分析，反复验证模型和实际计算数据，较传统手工计算方法，计算精度高且提高工作效率[37-38]。最早采用计算机技术进行大体积混凝土温度应力研究的是美国加州大学威尔逊教授。1968年，威尔逊[39-40]教授研发的有限元程序Dot-Dice问世，该程序能够较好地模拟大体积混凝土结构的温度场，这是有限元技术与大体积混凝土研究的第一次结合。随着大体积混凝土结构在现代工程建设中的广泛应用，由热应力引起的混凝土裂缝问题引起越来越多的关注。诸多学者[41-44]对混凝土温控方面开展了研究。直到20世纪80年代，我国关于大体积混凝土有关的课题研究逐渐发展起来[45-48]。朱伯芳[49-51]以混凝土大坝为研究对象展开了一系列的理论及试验研究，研究了不同温度场下混凝土大坝的温度应力，总结了不同边界和初始条件下混凝土大坝各构件的温度应力变化规律，提出了大坝混凝土结构的温度场分析原理，奠定了国内大体积混凝土温度场理论的基石。21世纪初，针对大体积混凝土的理论研究更加深入。Elbarbary[52]对采用有限差分法对大体积混凝土的热传导率进行了分析。Renauld[53]及Lawrence等[54]分别对大体积混凝土的弹塑性以及胶凝材料对大体积混凝土开裂的影响进行了有限元分析。研究结果表明，大体积混凝土的早期开裂与自身材料性能强相关。武汉大学肖明[55]提出了大体积混凝土三维损伤开裂模型并进行有限元分析。清华大学麦家煊等[56]在混凝土结构表面温度裂缝问题的研究中引入断裂力学理论，提出了一种随机有限元算法用于大体积混凝土结构温度场的计算。李富春[57]研究了超长超厚大体积混凝土在热带海洋环境中温度场的发展情况。研究表明，有限元分析中各参数务必根据实际情况选取，才能得到更为准确的结果。

水利工程中的结构通常复杂多样，如大坝、堤坝、水闸、水力发电站等，它们的设计和分析需要考虑复杂的荷载和地质条件。有限元分析能够精确模拟这些结构的行为，确保其安全性和稳定性。

2 有限元法基本理论

有限元分析是基于有限元法（Finite Element Method）的一种分析方法，其中心思想是由解给定的 Poisson 方程化为求解泛函的极值问题。这是一种高效的计算方法，最开始是以变分原理为基础发展起来的，所以它广泛地应用于以 Laplace 方程和 Poisson 方程描述的各类物理场中，一些学者 1969 年后在流体力学中应用加权余数法中的伽辽金法或最小二乘法等同样获得了有限元方程，所以现在有限元法可应用于以任何微分方程描述的各类物理场中。

2.1 有限元法的要点和特性

2.1.1 有限元法要点

在工程或物理问题的数学模型（基本变量、基本方程、求解域和边界条件等）确定以后，有限元法作为对其进行分析的数值计算方法的要点可归纳如下[58]：

（1）将一个表示结构或连续体的求解域离散为若干个子域（单元），并通过它们边界上的节点相互联结成为组合体。图 2.1 表示将一个二维多连通求解域离散为若干个单元的组合体。图 2.1(a)、(b) 分别表示采用四边形和三角形单元离散的图形。各个单元通过它们的角节点相互联结。

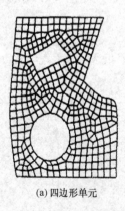 

(a) 四边形单元　　　　　　　　(b) 三角形单元

图 2.1　二维多连通域的有限元离散[59]

（2）用每个单元内所假设的近似函数来分片地表示全求解域内待求的未知场变量。而每个单元内的近似函数由未知场函数在单元各个节点上的数值和与其对应的插值函数来表达（此表达式通常表示为矩阵形式）。由于在联结相邻单元的节点上，场函数应具有相同的数值，因而将它们用作数值求解的基本未知量。这样一来，求解原来待求场函数的无穷多自由度问题转换为求解场函数节点值的有限自由度问题。

（3）通过和原问题数学模型（基本方程、边界条件）等效的变分原理或加权余量法，建立求解基本未知量（场函数的节点值）的代数方程组或常微分方程组。此方程组称为有限元求解方程，并表示成规范化的矩阵形式。接着用数值方法求解此方程，从而得到问题的解答。

2.1.2 有限元法特性

从有限元法的上述要点可以理解它所固有的以下特性。

（1）对于复杂几何构型的适应性。由于单元在空间可以是一维、二维或三维的，而且每一种单元可以有不同的形状，例如三维单元可以是四面体、五面体或六面体，同时各种单元之间可以采用不同的联结方式，例如两个面之间可以是场函数保持连续，可以是场函数的导数也保持连续，还可以仅是场函数的法向分量保持连续。这样一来，工程实际中遇到的非常复杂的结构或构造都可能离散为由单元组合体表示的有限元模型。

（2）对于各种物理问题的可应用性。由于用单元内近似函数分片地表示全求解域的未知场函数，并未限制场函数所满足的方程形式，也未限制各个单元所对应的方程必须是相同的形式。所以，尽管有限元法开始是对线弹性的应力分析问题提出的，很快就发展到弹塑性问题、黏弹塑性问题、动力问题、屈曲问题等。并进一步应用于流体力学问题、热传导问题等。而且，可以利用有限元法对不同物理现象相互耦合的问题进行有效分析。

（3）建立于严格理论基础上的可靠性。因为用于建立有限元方程的变分原理或加权余量法在数学上已证明是微分方程和边界条件的等效积分形式。只要原问题的数学模型是正确的，同时用来求解有限元方程的算法是稳定、可靠的，则随着单元数目的增加，即单元尺寸的缩小，或者随着单元自由度数目的增加及插值函数阶次的提高，有限元解的近似程度将不断地被改进。如果单元是满足收敛准则的，则近似解最后收敛于原数学模型的精确解。

（4）适合计算机实现的高效性。由于有限元分析的各个步骤可以表达成规范化的矩阵形式，最后导致求解方程可以统一为标准的矩阵代数问题，特别适合计算机的编程和执行。随着计算机软硬件技术的高速发展，以及新的数值计算方法的不断出现，大型复杂问题的有限元分析已成为工程技术领域的常规工作。

2.2 有限元法理论基础

20世纪60年代以来，随着电子计算机的出现，数值分析方法已成为求解科学技术问题功能强大的有力工具。已经发展的偏微分方程数值分析方法可以分为两大类。一类以有限差分法为代表，其特点是直接求解基本方程和相应定解条件的近似解。但是对于固体结构问题，由于方程通常建立于固结在物体上的坐标系［拉格朗日（Lagrange）坐标系］和形状复杂，则采用另一类数值分析方法——有限元法则更为适合。

有限元法区别于有限差分法，即不是直接从问题的微分方程和相应的定解条件出发，而是从与其等效的积分形式出发。等效积分的一般形式是加权余量法，它适用于普遍的方程形式。利用加权余量法的原理，可以建立多种近似解法。例如，配点法、最小二乘法、伽辽金法、力矩法等，都属于这一类数值分析方法。如果原问题的方程具有某些特定的性质,则它的等效积分形式的伽辽金法可以归结为某个泛函的变分。相应的近似解法实际上是求解泛函的驻值问题,里兹法就是属于这一类近似解法。

有限元法区别于传统的加权余量法和求解泛函驻值的变分法,该法不是在整个求解域上假设近似函数,而是在各个单元上分片假设近似函数。这样就克服了在全域上假设近似函数所遇到的困难,是近代工程数值分析方法领域的重大突破。

2.2.1 等效积分形式和加权余量法

1. 微分方程的等效积分形式

工程或物理学中的许多问题,通常是以未知场函数应满足的微分方程和边界条件的形式提出来的,可以一般地表示为未知函数 u 应满足微分方程组[60]:

$$A(u) = \begin{Bmatrix} A_1(u) \\ A_2(u) \\ \vdots \end{Bmatrix} = 0 \tag{2.1}$$

域 Ω 可以是体积域、面积域等,如图 2.2 所示。同时,未知函数 u 还应满足边界条件:

$$B(u) = \begin{Bmatrix} B_1(u) \\ B_2(u) \\ \vdots \end{Bmatrix} = 0 \text{(在 } \Gamma \text{ 上)} \tag{2.2}$$

Γ 是域 Ω 的边界。

要求解的未知函数 u 可以是标量场(例如温度),也可以是几个变量组成的向量场(例如位移、应变、应力等)。A、B 是表示对于独立变量(例如空间坐标、时间坐标等)的微分算子。微分方程数量和未知场函数的数目相对应,因此,上述微分方程可以是单个的方程,也可以是一组方程。

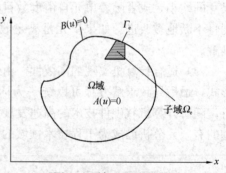

图 2.2 域 Ω 和边界 Γ

由于微分方程组在域 Ω 中每一点都必须为零,因此就有:

$$\int_\Omega v^T A(u) d\Omega \equiv \int_\Omega (v_1 A_1(u) + v_2 A_2(u) + \cdots) d\Omega \equiv 0 \tag{2.3}$$

其中:

$$v = \begin{Bmatrix} v_1 \\ v_2 \\ \vdots \end{Bmatrix} \tag{2.4}$$

式(2.4)是函数向量,它是一组和微分方程个数相等的任意函数。

式(2.3)是与微分方程组完全等效的积分形式。可以断言,若积分方程对于任意的 v 都能成立,则微分方程必然在域内任一点都得到满足。这个结论的证明是显然的,假如微分方程 $A(u)$ 在域内某些点或一部分子域中不满足,即出现 $A(u) \neq 0$,马上可以找到适

当的函数 v 使积分方程亦不等于零。

同理，假如边界条件亦同时在边界上每一点都得到满足，则对于一组任意函数 $\bar{v}$，下式应当成立：

$$\int_\Gamma \bar{v}^T B(u) d\Gamma \equiv \int_\Gamma (\bar{v}_1 B_1(u) + \bar{v}_2 B_2(u) + \cdots) d\Gamma \equiv 0 \tag{2.5}$$

因此，积分形式：

$$\int_\Omega v^T A(u) d\Omega + \int_\Gamma \bar{v}^T B(u) d\Gamma = 0 \tag{2.6}$$

对于所有的 v 和 $\bar{v}$ 都成立是等效于满足微分方程和边界条件。我们将式（2.6）称为微分方程的等效积分形式。

在上述讨论中，隐含假定式（2.6）的积分是能够进行计算的。这就对函数 $v, \bar{v}$ 和 u 能够选取的函数提出了一定的要求和限制，以避免积分中任何项出现无穷大的情况。

在式（2.6）中，v 和 $\bar{v}$ 只是以函数自身的形式出现在积分中，因此对 v 及 $\bar{v}$ 的选择只需是单值的，并分别在 Ω 内和 Γ 上可积的函数即可。这种限制并不影响上述"微分方程的等效积分形式"提法的有效性。u 在积分中还将以导数或偏导数的形式出现，它的选择将取决于微分算子 A 或 B 中微分运算的最高阶次。例如，有一个连续函数在 x 方向有一个斜率不连续点，如图 2.3 所示。

设想在一个很小的区间 Δ 中用一个连续变化来代替这个不连续。可以很容易地看出，在不连续点附近，函数的一阶导数是不定的，但是一阶导数是可积的，即一阶导数的积分是存在的。而在不连续点附近，函数的二阶导数趋于无穷，使积分不能进行。如果在微分算子 A 中仅出现函数的一阶导数（边界条件的算子 B 中导数的最高阶数总是低于微分方程的算子 A 中导数的最高阶数），上述函数对于 u 将是一个合适的选择。一个函数在域内其本身连续，它的一阶导数具有有限个不连续点但在域内可积，这样的函数称之为具有 C_0 连续性的函数。可以类推地看到，如果在微分算子 A 出现的最高

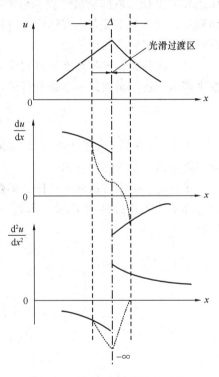

图 2.3 具有 C_0 连续性的函数

阶导数是 n 阶，则要求函数 u 必须具有连续的 $n-1$ 阶导数，即函数应具有 C_{n-1} 连续性。一个函数在域内函数本身（即它的零阶导数）直至它的 $n-1$ 阶导数连续，它的第 n 阶导数具有有限个不连续点但在域内可积，这样的函数称之为具有 C_{n-1} 连续性的函数。具有 C_{n-1} 连续性的函数将使包含函数直至它的 n 阶导数的积分成为可积。

2. 等效积分的"弱"形式

在很多情况下可以对式（2.6）进行分部积分得到另一种形式：

$$\int_\Omega C^T(v) D(u) d\Omega + \int_\Gamma E^T(\bar{v}) F(u) d\Gamma = 0 \tag{2.7}$$

式中：C，D，E，F 为微分算子，它们中所包含的导数的阶数比式（2.6）的 A 低，这样对函数 u 只需要求较低阶的连续性就可以了。在式（2.7）中降低 u 的连续性要求是以提高 v 和 $\bar{v}$ 的连续性要求为代价的，由于原来对 v 和 $\bar{v}$ 在式（2.6）中并无连续性要求。但是适当提高对其连续性的要求并不困难，因为它们是可以选择的已知函数。这种通过适当提高对任意函数 v 和 $\bar{v}$ 的连续性要求，以降低对微分方程场函数 u 的连续性要求所建立的等效积分形式称为微分方程的等效积分"弱"形式。它在近似计算中，尤其是在有限单元法中是十分重要的。值得指出的是，从形式上看"弱"形式对函数 u 的连续性要求降低了，但对实际的物理问题却常常较原始的微分方程更逼近真正解，因为原始微分方程往往对解提出了过分"平滑"的要求[61]。

3. 基于等效积分形式的近似方法——加权余量法

在求解域 Ω 中，若场函数 u 是精确解，则在域 Ω 中任一点都满足微分方程式，同时在边界 Γ 上任一点都满足边界条件式，此时等效积分形式或其"弱"形式必然严格地得到满足。但是对于复杂的实际问题，这样的精确解往往是很难找到的，因此人们需要设法找到具有一定精度的近似解。

对于微分方程式和边界条件式所表达的物理问题，假设未知场函数 u 可以采用近似函数来表示。近似函数是一个带有待定参数的已知函数，一般形式是：

$$u \approx \bar{u} = \sum_{i=1}^{n} N_i a_i = Na \tag{2.8}$$

式中：a_i 为待定参数；N_i 为试探函数（或基函数、形函数）的已知函数，它取自完全的函数序列，是线性独立的。

所谓完全的函数系列是指任一函数都可以用此序列表示。近似解通常选择使之满足强制边界条件和连续性的要求。例如，当未知函数 u 是三维力学问题的位移时，可取近似解：

$$\begin{cases} u = N_1 u_1 + N_2 u_2 + \cdots + N_n u_n = \sum_{i=1}^{n} N_i u_i \\ v = N_1 v_1 + N_2 v_2 + \cdots + N_n v_n = \sum_{i=1}^{n} N_i v_i \\ \omega = N_1 \omega_1 + N_2 \omega_2 + \cdots + N_n \omega_n = \sum_{i=1}^{n} N_i \omega_i \end{cases} \tag{2.9}$$

则有：

$$a_i = \begin{bmatrix} u_i \\ v_i \\ \omega_i \end{bmatrix} \tag{2.10}$$

式中：u_i，v_i，w_i 为待定参数，共 $3n$ 个；$\boldsymbol{N}_i = \boldsymbol{I} N_i$ 是函数矩阵，$\boldsymbol{I}$ 是 3×3 单位矩阵，N_i 是坐标的独立函数。

显然，在通常 n 取有限项数的情况下近似解是不能精确满足微分方程式和全部边界条件式的，它们将产生残差 R 及 $\bar{R}$，即：

$$A(Na) = R \quad B(Na) = \bar{R} \tag{2.11}$$

残差 R 及 $\overline{R}$ 亦称为余量。在式（2.6）中用 n 个规定的函数来代替任意函数 v 和 $\overline{v}$，即：

$$v = W_j; \overline{v} = \overline{W}_j \quad (j=1,2,\cdots,n) \tag{2.12}$$

就可以得到近似的等效积分形式：

$$\int_\Omega W_j^T A(Na) d\Omega + \int_\Gamma \overline{W}_j^T B(Na) d\Gamma = 0 \quad (j=1,2,\cdots,n) \tag{2.13}$$

亦可以写成余量的形式：

$$\int_\Omega W_j^T R d\Omega + \int_\Gamma \overline{W}_j^T \overline{R} d\Gamma = 0 \quad (j=1,2,\cdots,n) \tag{2.14}$$

式（2.13）或式（2.14）的意义是通过选择待定系数 a_i，强迫余量在某种平均意义上等于零。W_j 和 $\overline{W}_j$ 称为权函数。余量的加权积分为零就得到了一组求解方程，用以求解近似解的待定系数 a，从而得到原问题的近似解答。求解方程的展开形式是：

$$\begin{cases} \int_\Omega W_1^T A(Na) d\Omega + \int_\Gamma \overline{W}_1^T B(Na) d\Gamma = 0 \\ \int_\Omega W_2^T A(Na) d\Omega + \int_\Gamma \overline{W}_2^T B(Na) d\Gamma = 0 \\ \vdots \\ \int_\Omega W_n^T A(Na) d\Omega + \int_\Gamma \overline{W}_n^T B(Na) d\Gamma = 0 \end{cases} \tag{2.15}$$

式中：若微分方程组 A 的个数为 m_1，边界条件 B 的个数为 m_2，则权函数 W_j（$j=1$,2,$\cdots$,n）是 m_1 阶的函数列阵，W_j（$j=1$, 2, $\cdots$, n）是 m_2 阶的函数列阵。

近似函数所取试探函数的项数 n 越多，近似解的精度将越高。当项数 n 趋于无穷时，近似解将收敛于精确解。

对应于等效积分"弱"形式，同样可以得到它的近似形式为：

$$\int_\Omega C^T(W_j) D(Na) d\Omega + \int_\Gamma E^T(\overline{W}_j) F(Na) d\Gamma = 0 \quad (j=1,2,\cdots,n) \tag{2.16}$$

采用使余量的加权积分为零来求得微分方程近似解的方法称为加权余量法（Weighted Residual Method，WRM）。加权余量法是求微分方程近似解的一种有效方法。显然，任何独立的完全函数集都可以用来作为权函数。按照对权函数的不同选择就得到不同加权余量的计算方法并赋予不同的名称。常用的权函数的选择有以下几种：

(1) 配点法

$$W_j = \delta(x-x_i) \tag{2.17}$$

若 Ω 域是独立坐标 x 的函数，$\delta(x-x_i)$ 则有如下性质：当 $x \neq x_j$ 时，$W_j = 0$，但有：

$$\int_\Omega W_j d\Omega = I \quad (j=1,2,\cdots,n) \tag{2.18}$$

这种方法相当于简单地强迫余量在域内 n 个点上等于零。

(2) 子域法

在 n 个子域 Ω_j 内 $W_j = I$，在子域 Ω_j 以外 $W_j = 0$。此方法的实质是强迫余量在 n 个子域 Ω_j 的积分为零。

(3) 最小二乘法

当近似解取为 $\tilde{u} = \sum\limits_{i=1}^{n} N_i a_i$ 时，权函数 $W_j = \dfrac{\partial}{\partial a_j} A\left(\sum\limits_{i=1}^{n} N_i a_i\right)$

此方法的实质是使得函数：

$$I(a_i) = \int_\Omega A^2\left(\sum_{i=1}^{n} N_i a_i\right) d\Omega \tag{2.19}$$

取最小值，即要求 $\dfrac{\partial I}{\partial a_i} = 0 (i = 1, 2, \cdots, n)$。

(4) 力矩法

以一维问题为例，微分方程 $A(u) = 0$，取近似解 u 并假定已满足边界条件。令 $W_j = 1, x, x^2, \cdots$ 则得到：

$$\int_\Omega A(\tilde{u}) dx = 0, \int_\Omega x A(\tilde{u}) dx = 0, \int_\Omega x^2 A(\tilde{u}) dx = 0, \cdots \tag{2.20}$$

此方法是强迫余量的各次矩等于零，通常又称此法为积分法。对于二维问题 $W_j = 1, x, y, x^2, xy, y^2, \cdots$

(5) 伽辽金法

取 $W_j = N_j$，在边界上 $\overline{W}_j = -W_j = -N_j$。即简单地利用近似解的试探函数序列作为权函数。近似积分形式可写成：

$$\int_\Omega N_j^T A\left(\sum_{i=1}^{n} N_i a_i\right) d\Omega - \int_T N_j^T B\left(\sum_{i=1}^{n} N_i a_i\right) dT = 0 (j = 1, 2, \cdots, n) \tag{2.21}$$

可以定义近似解 $\tilde{u}$ 的变分 $\delta \tilde{u}$ 为：

$$\delta \tilde{u} = N_1 \delta a_1 + N_2 \delta a_2 + \cdots + N_n \delta a_n \tag{2.22}$$

式中：δa_i 是完全任意的。由此式可更简洁地表示为：

$$\int_\Omega \delta \tilde{u}^T A(\tilde{u}) d\Omega - \int_\Gamma \delta \tilde{u}^T B(\tilde{u}) d\Gamma = 0 \tag{2.23}$$

对于近似积分的"弱"形式则有：

$$\int_\Omega C^T(\delta \tilde{u}) D(\tilde{u}) d\Omega + \int_\Gamma E^T(\delta \tilde{u}) F(\tilde{u}) d\Gamma = 0 \tag{2.24}$$

将会看到，如果算子 A 是 $2m$ 阶的线性自伴随的，采用伽辽金法得到的求解方程的系数矩阵是对称的，这是在用加权余量法建立有限元格式时几乎毫无例外地采用伽辽金法的主要原因，而且当微分方程存在相应的泛函时，伽辽金法与变分法往往导致同样的结果。

由以上讨论可见，加权余量法可以用于广泛的方程类型；选择不同的权函数，可以产生不同的加权余量法；通过采用等效积分的"弱"形式，可以降低对近似函数连续性的要求。如果近似函数取自完全的函数系列，并满足连续性要求，当试探函数的项数不断增加时，近似解可趋近于精确解。但解的收敛性仍未有严格的理论证明，同时近似解通常也不具有明确的上、下界性质。下节讨论的变分原理和里兹方法则从理论上解决上述两方面的问题。

2.2.2 变分原理和里兹方法

如果微分方程具有线性和自伴随的性质，则不仅可以建立它的等效积分形式，并利用加权余量法求其近似解，还可以建立与之相等效的变分原理，并进而得到基于它的另一种近似求解方法，即里兹方法[61]。

1. 线性、自伴随微分方程变分原理的建立

1) 线性、自伴随微分算子

若有微分方程：

$$L(u) + b = 0 \quad （在 \Omega 域内） \tag{2.25}$$

其中，微分算子 L 具有如下性质：

$$L(\alpha u_1 + \beta u_2) = \alpha L(u_1) + \beta L(u_2) \tag{2.26}$$

则称 L 为线性算子，方程为线性微分方程。其中，α 和 β 是两个常数。

现定义 $L(u)$ 和任意函数的内积为：

$$\int_\Omega L(u) v \mathrm{d}\Omega \tag{2.27}$$

有时，内积也表示为 $<L(u),v>$。对上式（2.27）进行分部积分直至 u 的导数消失，这样就可以得到转化后的内积并伴随有边界项。结果可表示如下：

$$\int_\Omega L(u) v \mathrm{d}\Omega = \int_\Omega u L^*(v) \mathrm{d}\Omega + b.t.(u,v) \tag{2.28}$$

上式（2.28）右端 $b.t.(u,v)$ 表示在 Ω 的边界 Γ 上由 u 和 v 及其导数组成的积分项。算子 L^* 称为 L 的伴随算子。若 $L^* = L$，则称算子是自伴随的，称原方程为线性、自伴随的微分方程。

2) 泛函的构造

原问题的微分方程和边界条件表达如下：

$$\begin{aligned} A(u) &= L(u) + f = 0 \quad （在 \Omega 域内） \\ B(u) &= 0 （在 \Gamma 内） \end{aligned} \tag{2.29}$$

和以上微分方程及边界条件相等效的伽辽金提法可表示如下：

$$\int_\Omega \delta u^\mathrm{T} [L(u) + f] \mathrm{d}\Omega - \int_\Gamma \delta u^\mathrm{T} B(u) \mathrm{d}\Gamma = 0 \tag{2.30}$$

利用算子是线性、自伴随的，可以导出以下关系式：

$$\begin{aligned} \int_\Omega \delta u^\mathrm{T} L(u) \mathrm{d}\Omega &= \int_\Omega \left[\frac{1}{2} \delta u^\mathrm{T} L(u) + \frac{1}{2} \delta u^\mathrm{T} L(u) \right] \mathrm{d}\Omega \\ &= \int_\Omega \left[\frac{1}{2} \delta u^\mathrm{T} L(u) + \frac{1}{2} u^\mathrm{T} L(\delta u) \right] \mathrm{d}\Omega + b.t.(\delta u, u) \\ &= \int_\Omega \left[\frac{1}{2} \delta u^\mathrm{T} L(u) + \frac{1}{2} u^\mathrm{T} L(u) \right] \mathrm{d}\Omega + b.t.(\delta u, u) \\ &= \int_\Omega \frac{1}{2} u^\mathrm{T} L(u) \mathrm{d}\Omega + b.t.(\delta u, u) \end{aligned} \tag{2.31}$$

将式（2.31）代入式（2.30），就可得到原问题的变分原理：

$$\delta \Pi(u) = 0 \tag{2.32}$$

其中：

$$\Pi(u) = \int_\Omega \left[\frac{1}{2} u^\mathrm{T} L(u) + u^\mathrm{T} f \right] \mathrm{d}\Omega + b.t.(u) \tag{2.33}$$

上式 (2.33) 是原问题的泛函,因为此泛函中 u(包括 u 的导数)的最高次为二次,所以称为二次泛函。上式 (2.33) 右端 $b.t.(u)$ 是由式 (2.31) 中的 $b.t.(\delta u,u)$ 项和式 (2.30) 中的边界积分项两部分组成。如果场函数 u 及其变分 δu 满足一定条件,则两部分合成后,能够形成一个全变分(即变分号提到边界积分项之外),从而得到泛函的变分。

由以上讨论可见,原问题的微分方程和边界条件的等效积分的伽辽金提法等效于它的变分原理,即原问题的微分方程和边界条件等效于泛函的变分等于零,亦即泛函取驻值;反之,如果泛函取驻值则等效于满足问题的微分方程和边界条件。而泛函可以通过原问题的等效积分的伽辽金提法而得到,并称这样得到的变分原理为自然变分原理。

3)泛函的极值性

如果线性自伴随算子 L 是偶数 $2m$ 阶的;在利用伽辽金方法构造问题的泛函时,假设近似函数 $\tilde{u}$ 事先满足强制边界条件,对应于自然边界条件的任意函数 W 按一定的方法选取,则可以得到泛函的变分。同时所构造的二次泛函不仅取驻值,而且是极值。现对此条件加以阐述和讨论。

对于 $2m$ 阶微分方程,含 $0 \sim (m-1)$ 阶导数的边界条件称为强制边界条件,近似函数应事先满足。含 $m \sim 2(m-1)$ 阶导数的边界条件称为自然边界条件,近似函数不必事先满足。在伽辽金提法中对应于此类边界条件,从含 $2m-1$ 阶导数的边界条件开始,任意函数 W 依次取 $-\delta \tilde{u}, \delta \frac{\partial \tilde{u}}{\partial n}, -\delta \frac{\partial^2 \tilde{u}}{\partial n^2}, \cdots$ 在此情况下,对原问题的伽辽金提法进行 m 次分部积分后,通常得到如下形式的变分原理,即:

$$\delta \Pi(u) = 0 \tag{2.34}$$

其中:

$$\Pi(u) = \int_\Omega [(-1)^m C^\mathrm{T}(u) C(u) + u^\mathrm{T} f] \mathrm{d}\Omega + b.t.(u) \tag{2.35}$$

式中:$C(u)$ 为 m 阶的线性算子,$b.t.(u)$ 为在自然边界上的积分项。

从上式 (2.35) 可见,此时泛函中包括两部分,一是完全平方项 $C^\mathrm{T}(u)C(u)$,二是 u 的线性项,所以这二次泛函具有极值性。泛函的极值性对判断解的近似性质有意义,利用它可以对解的上下界作出估计。

2. 里兹方法

对于线性、自伴随微分方程在得到与它相等效的变分原理以后,可以用来建立求近似解的标准过程——里兹方法。具体步骤是:未知函数的近似解仍由一族带有待定参数的试探函数来近似表示,即:

$$u \approx \tilde{u} = \sum_{i=1}^n N_i a_i = Na \tag{2.36}$$

式中:a 为待定参数;N 为取自完全系列的已知函数。将上式代入问题的泛函 Π,得到用试探函数和待定参数表示的泛函表达式。泛函的变分为零相当于将泛函对所包含的待定参数进行全微分,并令所得的方程等于零,即:

$$\delta \Pi = \frac{\partial \Pi}{\partial a_1} \delta a_1 + \frac{\partial \Pi}{\partial a_2} \delta a_2 + \cdots + \frac{\partial \Pi}{\partial a_n} \delta a_n = 0 \tag{2.37}$$

由于 $\delta a_1, \delta a_2, \cdots$ 是任意的,满足上式 (2.37) 时必然有 $\frac{\partial \Pi}{\partial a_1}, \frac{\partial \Pi}{\partial a_2}, \cdots$ 都等于零。因

此，可以得到一组方程为：

$$\frac{a\Pi}{\partial a} = \begin{Bmatrix} \frac{\partial \Pi}{\partial a_1} \\ \frac{\partial \Pi}{\partial a_2} \\ \vdots \\ \frac{\partial \Pi}{\partial a_n} \end{Bmatrix} = 0 \tag{2.38}$$

这是与待定参数 a 的个数相等的方程组，用以求解 a。这种求近似解的经典方法，称为里兹法。

如果在泛函 Π 中 u 和它的导数的最高次为二次，则称泛函 Π 为二次泛函。大量的工程和物理问题中的泛函都属于二次泛函，因此应予以特别注意。对于二次泛函，式（2.38）退化为一组线性方程：

$$\frac{\partial \Pi}{\partial a} \equiv Ka - P = 0 \tag{2.39}$$

很容易证明矩阵 K 是对称的。考虑向量 $\frac{\partial \Pi}{\partial a}$ 的变分可以得到：

$$\delta\left(\frac{\partial \Pi}{\partial a}\right) = \begin{bmatrix} \frac{\partial}{\partial a_1}\left(\frac{\partial \Pi}{\partial a_1}\right)\delta a_1 + \frac{\partial}{\partial a_2}\left(\frac{\partial \Pi}{\partial a_1}\right)\delta a_2 + \cdots \\ \cdots \\ \frac{\partial}{\partial a_1}\left(\frac{\partial \Pi}{\partial a_n}\right)\delta a_1 + \frac{\partial}{\partial a_2}\left(\frac{\partial \Pi}{\partial a_n}\right)\delta a_2 + \cdots \end{bmatrix} = K_A \delta a \tag{2.40}$$

很容易看出矩阵 K_A 的子矩阵为：

$$K_{Aij} = \frac{\partial^2 \Pi}{\partial a_i \partial a_j} \tag{2.41}$$

$$K_{Aji} = \frac{\partial^2 \Pi}{\partial a_j \partial a_i} \tag{2.42}$$

因此，有：

$$K_{Aij} = K_{Aji}^{\mathrm{T}} \tag{2.43}$$

这就证明了矩阵 K_A 是对称矩阵。

对于二次泛函，由式（2.39）可以得到：

$$\delta\left(\frac{\partial \Pi}{\partial a}\right) = K \delta a \tag{2.44}$$

与式（2.40）比较就得到：

$$K = K_A \tag{2.45}$$

由变分得到求解方程系数矩阵的对称性是一个极为重要的特性，它将为有限元法计算带来很大的方便。

对于二次泛函，根据式（2.39）可以将近似泛函表示为：

$$\Pi = \frac{1}{2} a^{\mathrm{T}} K a - a^{\mathrm{T}} P \tag{2.46}$$

上式（2.46）的正确性用简单求导就可以证明。取上式（2.46）泛函的变分：

$$\delta\Pi = \frac{1}{2}\delta a^{\mathrm{T}} K a + \frac{1}{2} a^{\mathrm{T}} K \delta a - \delta a^{\mathrm{T}} P \tag{2.47}$$

由于矩阵 K 的对称性，就有：

$$\delta a^{\mathrm{T}} K a = a^{\mathrm{T}} K \delta a \tag{2.48}$$

因此：

$$\delta\Pi = \delta a^{\mathrm{T}} (K a - P) = 0 \tag{2.49}$$

因为 δa 是任意的，这样就得到式（2.39）。

里兹法的实质是从一组假定解中寻求满足泛函变分的"最好的"解。显然，近似解的精度与试探函数的选择有关。如果知道所求解的一般性质，那么可以通过选择反映此性质的试探函数来改进近似解，提高近似解的精度。若精确解恰巧包含在试探函数组中，则里兹法将得到精确解。

由于里兹法以变分原理为基础，其收敛性有严格的理论基础；得到的求解方程的系数矩阵是对称的；而且在场函数事先满足强制边界条件（此条件通常不难实现）情况下，通解具有明确的上、下界等性质。长期以来，在物理和力学的微分方程的近似解法中占有很重要的位置，得到广泛的应用。但是，由于它是在全求解域中定义试探函数，实际应用中会遇到两方面的困难，即：

(1) 在求解域比较复杂的情况下，选取满足边界条件的试探函数，往往会产生难以克服的困难。

(2) 为了提高近似解的精度，需要增加待定参数，即增加试探函数的项数，这就增加了求解的繁杂性。而且，由于试探函数定义于全域，因此不可能根据问题的要求在求解域的不同部位对试探函数提出不同精度的要求，往往由于局部精度的要求，给整个问题的求解增加了许多困难。

而同样是建立于变分原理基础上的有限元法，虽然在本质上和里兹法是类似的，但由于近似函数在子域（单元上）定义，因此可以克服上述两个方面的困难；并和现代计算机技术相结合，成为物理、力学以及其他广泛科学技术和工程领域实际问题进行分析和求解的有效工具，并得到越来越广泛的应用。

2.2.3 弹性力学的基本方程和变分原理

在有限元法中经常要用到弹性力学的基本方程和与之等效的变分原理，现将它们连同相应的矩阵表达形式和张量表达形式综合引述于后。

1. 弹性力学基本方程的矩阵形式

弹性体在荷载作用下，体内任意一点的应力状态可由 6 个应力分量 σ_x、σ_y、σ_z、τ_{xy}、τ_{yz}、τ_{zx} 来表示。其中，σ_x、σ_y、σ_z 为正应力；τ_{xy}、τ_{yz}、τ_{zx} 为剪应力。应力分量的正负号规定如下：如果某一个面的外法线方向与坐标轴的正方向一致，这个面上的应力分量就以沿坐标轴正方向为正，与坐标轴反向为负；相反，如果某一个面的外法线方向与坐标轴的负方向一致，这个面上的应力分量就以沿坐标轴负方向为正，与坐标轴同向为负。应力分量及其正方向见图 2.4。

应力分量的矩阵表示称为应力列阵或应力向量，即：

$$\sigma = \begin{Bmatrix} \sigma_x \\ \sigma_y \\ \sigma_z \\ \tau_{xy} \\ \tau_{yz} \\ \tau_{zx} \end{Bmatrix} = \begin{bmatrix} \sigma_x & \sigma_y & \sigma_z & \tau_{xy} & \tau_{yz} & \tau_{zx} \end{bmatrix}^{\mathrm{T}} \quad (2.50)$$

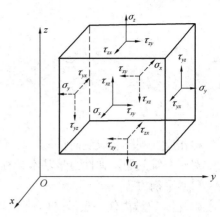

图 2.4 应力分量

弹性体在荷载作用下，还将产生位移和变形，即弹性体位置的移动和形状的改变。

弹性体内任一点的位移可由沿直角坐标轴方向的 3 个位移分量 u, v, w 来表示。它的矩阵形式是：

$$u = \begin{bmatrix} u \\ v \\ w \end{bmatrix} = \begin{bmatrix} u & v & w \end{bmatrix}^{\mathrm{T}} \quad (2.51)$$

称作位移列阵或位移向量。

弹性体内任意一点的应变，可以由 6 个应变分量 $\varepsilon_x, \varepsilon_y, \varepsilon_z, \gamma_{xy}, \gamma_{yz}, \gamma_{zx}$ 来表示。其中，$\varepsilon_x, \varepsilon_y, \varepsilon_z$ 为正应变；$\gamma_{xy}, \gamma_{yz}, \gamma_{zx}$ 为剪应变。应变的正负号与应力的正负号相对应，即应变以伸长时为正，缩短为负；剪应变是以两个沿坐标轴正方向的线段组成的直角变小为正，反之为负。图 2.5(a)、(b) 分别为正方向的 ε_x 和 γ_{xy} 应变状态。

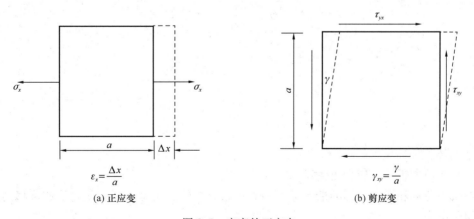

(a) 正应变　　　　　　　　　　　　(b) 剪应变

图 2.5 应变的正方向

应变的矩阵形式是：

$$\varepsilon = \begin{bmatrix} \varepsilon_x \\ \varepsilon_y \\ \varepsilon_z \\ \gamma_{xy} \\ \gamma_{yz} \\ \gamma_{zx} \end{bmatrix} = [\varepsilon_x \ \varepsilon_y \ \varepsilon_z \ \gamma_{xy} \ \gamma_{yz} \ \gamma_{zx}]^{\mathrm{T}} \tag{2.52}$$

称作应变列阵或应变向量。

对于三维问题,弹性力学基本方程可写成如下形式。

(1) 平衡方程

弹性体 V 域内任一点沿坐标轴 x,y,z 方向的平衡方程为:

$$\begin{cases} \dfrac{\partial \sigma_x}{\partial x} + \dfrac{\partial \tau_{yx}}{\partial y} + \dfrac{\partial \tau_{zx}}{\partial z} + \bar{f}_x = 0 \\[6pt] \dfrac{\partial \tau_{xy}}{\partial x} + \dfrac{\partial \sigma_y}{\partial y} + \dfrac{\partial \tau_{zy}}{\partial z} + \bar{f}_y = 0 \\[6pt] \dfrac{\partial \tau_{xz}}{\partial x} + \dfrac{\partial \tau_{yz}}{\partial y} + \dfrac{\partial \sigma_z}{\partial z} + \bar{f}_z = 0 \end{cases} \tag{2.53}$$

式中:$\bar{f}_x$,$\bar{f}_y$,$\bar{f}_z$ 为单位体积的体积力在 x,y,z 方向的分量。且有 $\tau_{xy} = \tau_{yx}$,$\tau_{zy} = \tau_{yz}$,$\tau_{zx} = \tau_{xz}$。

平衡方程的矩阵形式为:

$$A\boldsymbol{\sigma} + \bar{f} = 0 \tag{2.54}$$

式中:A 为微分算子,即:

$$A = \begin{bmatrix} \dfrac{\partial}{\partial x} & 0 & 0 & \dfrac{\partial}{\partial y} & 0 & \dfrac{\partial}{\partial z} \\[6pt] 0 & \dfrac{\partial}{\partial y} & 0 & \dfrac{\partial}{\partial x} & \dfrac{\partial}{\partial z} & 0 \\[6pt] 0 & 0 & \dfrac{\partial}{\partial z} & 0 & \dfrac{\partial}{\partial y} & \dfrac{\partial}{\partial x} \end{bmatrix} \tag{2.55}$$

$\bar{f}$ 为体积力向量,$\bar{f} = [\bar{f}_x \ \bar{f}_y \ \bar{f}_z]^{\mathrm{T}}$。

(2) 几何方程——应变-位移关系

在微小位移和微小变形的情况下,略去位移导数的高次幂,则应变向量和位移向量间的几何关系为:

$$\begin{cases} \varepsilon_x = \dfrac{\partial u}{\partial x} \qquad \varepsilon_y = \dfrac{\partial v}{\partial y} \qquad \varepsilon_z = \dfrac{\partial w}{\partial z} \\[6pt] \gamma_{xy} = \dfrac{\partial u}{\partial y} + \dfrac{\partial v}{\partial x} = \gamma_{yx} \quad \gamma_{yz} = \dfrac{\partial v}{\partial z} + \dfrac{\partial w}{\partial y} = \gamma_{zy} \quad \gamma_{zx} = \dfrac{\partial u}{\partial z} + \dfrac{\partial w}{\partial x} = \gamma_{xz} \end{cases} \tag{2.56}$$

几何方程的矩阵形式为：
$$\varepsilon = Lu \quad (在 V 内) \tag{2.57}$$

式中：L 为微分算子，即：

$$L = \begin{bmatrix} \frac{\partial}{\partial x} & 0 & 0 \\ 0 & \frac{\partial}{\partial y} & 0 \\ 0 & 0 & \frac{\partial}{\partial z} \\ \frac{\partial}{\partial y} & \frac{\partial}{\partial x} & 0 \\ 0 & \frac{\partial}{\partial z} & \frac{\partial}{\partial y} \\ \frac{\partial}{\partial z} & 0 & \frac{\partial}{\partial x} \end{bmatrix} = A^{\mathrm{T}} \tag{2.58}$$

（3）物理方程——应力-应变关系

弹性力学中应力-应变之间的转换关系也称弹性关系。对于各向同性的线弹性材料，应力通过应变的表达式可用矩阵形式表示为：

$$\sigma = D\varepsilon \tag{2.59}$$

其中：

$$D = \frac{E(1-\nu)}{(1+\nu)(1-2\nu)} = \begin{bmatrix} 1 & \frac{\nu}{1-\nu} & \frac{\nu}{1-\nu} & 0 & 0 & 0 \\ \frac{\nu}{1-\nu} & 1 & \frac{\nu}{1-\nu} & 0 & 0 & 0 \\ \frac{\nu}{1-\nu} & \frac{\nu}{1-\nu} & 1 & 0 & 0 & 0 \\ 0 & 0 & 0 & \frac{1-2\nu}{2(1-\nu)} & 0 & 0 \\ 0 & 0 & 0 & 0 & \frac{1-2\nu}{2(1-\nu)} & 0 \\ 0 & 0 & 0 & 0 & 0 & \frac{1-2\nu}{2(1-\nu)} \end{bmatrix}$$
$$\tag{2.60}$$

D 称为弹性矩阵。它完全取决于弹性体材料的弹性模量 E 和泊松比 ν。

表征弹性体的弹性，也可以采用拉梅（Lamé）常数 G 和 λ，它们和 E，ν 的关系如下：

$$G = \frac{E}{2(1+\nu)} \quad \lambda = \frac{E\nu}{(1+\nu)(1-2\nu)} \tag{2.61}$$

G 也称为剪切变形弹性模量。注意到：

$$\lambda + 2G = \frac{E(1-\nu)}{(1+\nu)(1-2\nu)} \tag{2.62}$$

物理方程中的弹性矩阵 D 亦可表示为：

$$D = \begin{bmatrix} \lambda+2G & \lambda & \lambda & 0 & 0 & 0 \\ \lambda & \lambda+2G & \lambda & 0 & 0 & 0 \\ \lambda & \lambda & \lambda+2G & 0 & 0 & 0 \\ 0 & 0 & 0 & G & 0 & 0 \\ 0 & 0 & 0 & 0 & G & 0 \\ 0 & 0 & 0 & 0 & 0 & G \end{bmatrix} \tag{2.63}$$

物理方程的另一种形式是：

$$\varepsilon = C\sigma \tag{2.64}$$

式中：C 为柔度矩阵；$C=D^{-1}$，它和弹性矩阵是互逆关系。

弹性体 V 的全部边界为 S。一部分边界上已知外力 $\overline{T}_x, \overline{T}_y, \overline{T}_z$ 称为力的边界条件，这部分边界用 S_σ 表示；另一部分边界上已知位移 $\overline{u}, \overline{v}, \overline{w}$，称为几何边界条件或位移边界条件，这部分边界用 S_u 表示。这两部分边界构成弹性体的全部边界，即：

$$S_\sigma + S_u = S \tag{2.65}$$

（4）力的边界条件

弹性体在边界上单位面积的内力为 T_x, T_y, T_z，在边界 S_σ 上已知弹性体单位面积上作用的面积力为 $\overline{T}_x, \overline{T}_y, \overline{T}_z$，根据平衡应有：

$$T_x = \overline{T}_x \quad T_y = \overline{T}_y \quad T_z = \overline{T}_z \tag{2.66}$$

$$\begin{aligned} T_x &= n_x\sigma_x + n_y\tau_{yx} + n_z\tau_{zx} \\ T_y &= n_x\tau_{xy} + n_y\sigma_y + n_z\tau_{zy} \\ T_z &= n_x\tau_{xz} + n_y\tau_{yz} + n_z\sigma_z \end{aligned} \tag{2.67}$$

上式的矩阵形式为：

$$T = \overline{T}（在 S_\sigma 上） \tag{2.68}$$

其中：

$$T = n\sigma \tag{2.69}$$

$$n = \begin{bmatrix} n_x & 0 & 0 & n_y & 0 & n_z \\ 0 & n_y & 0 & n_x & n_z & 0 \\ 0 & 0 & n_z & 0 & n_y & n_x \end{bmatrix} \tag{2.70}$$

（5）几何边界条件

在 S_u 上弹性体的位移已知为 $\overline{u}, \overline{v}, \overline{w}$，即有：

$$u = \overline{u} \quad v = \overline{v} \quad w = \overline{w} \tag{2.71}$$

用矩阵形式表示：

$$u = \overline{u}（在 S_u 上） \tag{2.72}$$

以上是三维弹性力学问题中的一组基本方程和边界条件。同样，对于平面问题，轴对称问题等也可以得到类似的方程和边界条件。

把弹性力学方程记作一般形式，它们是：

$$\begin{cases} 平衡方程 & A\sigma + \overline{f} = 0 & (在\ V\ 内) \\ 几何方程 & \varepsilon = Lu & (在\ V\ 内) \\ 物理方程 & \sigma = D\varepsilon & (在\ V\ 内) \\ 边界条件 & n\sigma = \overline{T} & (在\ S_\sigma\ 内) \\ & u = \overline{u} & (在\ S_u\ 内) \end{cases} \quad (2.73)$$

并有 $S_\sigma + S_u = S$，S 为弹性体全部边界。

(6) 弹性体的应变能和余能

单位体积的应变能（应变能密度）为：

$$U(\varepsilon) = \frac{1}{2}\varepsilon^T D\varepsilon \quad (2.74)$$

应变能是个正定函数，只有当弹性体内所有的点都没有应变时，应变能才为零。

单位体积的余能（余能密度）为：

$$V(\sigma) = \frac{1}{2}\sigma^T C\sigma \quad (2.75)$$

余能也是个正定函数，在线性弹性力学中弹性体的应变能等于余能。

2. 弹性力学基本方程的张量形式

弹性力学基本方程亦可用笛卡儿张量符号来表示，使用附标求和的约定可以得到十分简练的方程表达形式。

在直角坐标系 x_1，x_2，x_3 中，应力张量和应变张量都是对称的二阶张量，分别用 σ_{ij} 和 ε_{ij} 表示，且有 $\sigma_{ij} = \sigma_{ji}$ 和 $\varepsilon_{ij} = \varepsilon_{ji}$。其他位移张量、体积力张量、面积力张量等都是一阶张量，用 u_i，$\overline{f_i}$，$\overline{T_i}$ 等表示。下面，将分别给出弹性力学基本方程及边界条件的张量形式和张量形式的展开式。

1) 平衡方程

$$\sigma_{ij,j} + \overline{f_i} = 0\ (在\ V\ 内)\ (i = 1, 2, 3) \quad (2.76)$$

式中：下标"j"表示对独立坐标 x_j 求偏导数；$\sigma_{ij,j}$ 项中的下标"j"重复出现两次，表示该项在该指标的取值范围（1，2，3）内遍历求和，该重复指标称为哑指标。式(2.76)的展开形式是：

$$\begin{cases} \dfrac{\partial \sigma_{11}}{\partial x_1} + \dfrac{\partial \sigma_{12}}{\partial x_2} + \dfrac{\partial \sigma_{13}}{\partial x_3} + \overline{f_1} = 0 \\ \dfrac{\partial \sigma_{21}}{\partial x_1} + \dfrac{\partial \sigma_{22}}{\partial x_2} + \dfrac{\partial \sigma_{23}}{\partial x_3} + \overline{f_2} = 0 \\ \dfrac{\partial \sigma_{31}}{\partial x_1} + \dfrac{\partial \sigma_{32}}{\partial x_2} + \dfrac{\partial \sigma_{33}}{\partial x_3} + \overline{f_3} = 0 \end{cases} \quad (2.77)$$

坐标及应力张量见图 2.6。和式（2.50）比较可见，当 x_1，x_2，x_3 是笛卡儿坐标时，则：

$$\sigma_{11}=\sigma_x;\sigma_{22}=\sigma_y;\sigma_{33}=\sigma_z;\sigma_{12}=\sigma_{21}=\tau_{xy};\sigma_{23}=\sigma_{32}=\tau_{yz};\sigma_{31}=\sigma_{13}=\tau_{zx}$$

2）几何方程

$$\varepsilon_{ij}=\frac{1}{2}(u_{i,j}+u_{j,i})\ (\text{在}V\text{内})\ (i,j=1,2,3) \tag{2.78}$$

其展开式为：

$$\begin{cases}\varepsilon_{11}=\dfrac{\partial u_1}{\partial x_1}\\[4pt]\varepsilon_{22}=\dfrac{\partial u_2}{\partial x_2}\\[4pt]\varepsilon_{33}=\dfrac{\partial u_3}{\partial x_3}\\[4pt]\varepsilon_{12}=\dfrac{1}{2}\left(\dfrac{\partial u_1}{\partial x_2}+\dfrac{\partial u_2}{\partial x_1}\right)=\varepsilon_{21}\\[4pt]\varepsilon_{23}=\dfrac{1}{2}\left(\dfrac{\partial u_2}{\partial x_3}+\dfrac{\partial u_3}{\partial x_2}\right)=\varepsilon_{32}\\[4pt]\varepsilon_{31}=\dfrac{1}{2}\left(\dfrac{\partial u_3}{\partial x_1}+\dfrac{\partial u_1}{\partial x_3}\right)=\varepsilon_{13}\end{cases} \tag{2.79}$$

与式（2.52）比较可见，当 x_1，x_2，x_3 是笛卡儿坐标时，则：

$$\varepsilon_{11}=\varepsilon_x;\varepsilon_{22}=\varepsilon_y;\varepsilon_{33}=\varepsilon_z;\varepsilon_{12}=\frac{1}{2}\gamma_{xy};\varepsilon_{23}=\frac{1}{2}\gamma_{yz};\varepsilon_{31}=\frac{1}{2}\gamma_{zx}$$

3）物理方程

广义胡克定律假定每个应力分量与各个应变分量成比例。广义胡克定律可以用张量符号表示为：

$$\nu\sigma_{ij}=D_{ijkl}\varepsilon_{kl}\ (\text{在}V\text{内})\ (i,j,k,l=1,2,3) \tag{2.80}$$

81 个比例常数 D_{ijkl} 称为弹性常数，是四阶张量。由于应力张量是对称张量，因此张量 D_{ijkl} 的两个前指标具有对称性。同理，由于应变张量也是对称张量，D_{ijkl} 的两个后指标也具有对称性，即有：

$$D_{ijkl}=D_{jikl}\quad D_{ijkl}=D_{ijlk} \tag{2.81}$$

当变形过程是绝热或等温过程时，还有：

$$D_{ijkl}=D_{klij} \tag{2.82}$$

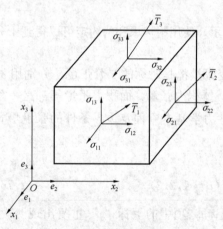

图 2.6 应力张量及其分量[59]

考虑了上述对称性后，对于最一般的线弹性材料，即在不同方向具有不同弹性性质的材料，81 个弹性常数中有 21 个是独立的。对于各向同性的线弹性材料，独立的弹性常数只有两个，即拉梅常数 G 和 λ 或弹性模量 E 和泊松比 ν，此时弹性张量可以简化为：

$$D_{ijkl}=2G\delta_{ik}\delta_{jl}+\lambda\delta_{ij}\delta_{kl} \tag{2.83}$$

此时，广义胡克定律可以表示为：

$$\sigma_{ij}=2G\varepsilon_{ij}+\lambda\delta_{ij}\varepsilon_{kk} \tag{2.84}$$

其中：
$$\delta_{ij} = \begin{cases} 1 & \text{当 } i = j \\ 0 & \text{当 } i \neq j \end{cases}$$

展开式为：
$$\begin{cases} \sigma_{11} = 2G\varepsilon_{11} + \lambda(\varepsilon_{11} + \varepsilon_{22} + \varepsilon_{33}) \\ \sigma_{22} = 2G\varepsilon_{22} + \lambda(\varepsilon_{11} + \varepsilon_{22} + \varepsilon_{33}) \\ \sigma_{33} = 2G\varepsilon_{33} + \lambda(\varepsilon_{11} + \varepsilon_{22} + \varepsilon_{33}) \\ \sigma_{12} = 2G\varepsilon_{12} \quad \sigma_{23} = 2G\varepsilon_{23} \quad \sigma_{31} = 2G\varepsilon_{31} \end{cases} \tag{2.85}$$

上面两式中拉梅常数 G，λ 与弹性模量 E 和泊松比 ν 的关系见式（2.61）。

物理方程的另一种形式为：
$$\varepsilon_{ij} = C_{ijkl}\sigma_{kl} \tag{2.86}$$

式中：C_{ijkl} 为柔度张量，它和刚度张量 D_{ijkl} 有互逆关系。

4) 力的边界条件
$$T_i = \overline{T}_i \text{（在 } S_\sigma \text{ 上）}(i = 1, 2, 3) \tag{2.87}$$

其中：
$$T_i = \sigma_{ij}n_j \tag{2.88}$$

n_j 是边界外法线 n 的三个方向余弦。

将式（2.88）代入式（2.87）后，它的展开形式有：
$$\begin{cases} \sigma_{11}n_1 + \sigma_{12}n_2 + \sigma_{13}n_3 = \overline{T}_1 \\ \sigma_{21}n_1 + \sigma_{22}n_2 + \sigma_{23}n_3 = \overline{T}_2 \text{（在 } S_\sigma \text{ 上）} \\ \sigma_{31}n_1 + \sigma_{32}n_2 + \sigma_{33}n_3 = \overline{T}_3 \end{cases} \tag{2.89}$$

5) 位移边界条件
$$u_i = \overline{u}_i \text{（在 } S_u \text{ 上）}(i = 1, 2, 3) \tag{2.90}$$

6) 应变能和余能

单位体积应变能：
$$U(\varepsilon_{mn}) = \frac{1}{2} D_{ijkl}\varepsilon_{ij}\varepsilon_{kl} \tag{2.91}$$

单位体积余能：
$$V(\sigma_{mn}) = \frac{1}{2} C_{ijkl}\sigma_{ij}\sigma_{kl} \tag{2.92}$$

3. 平衡方程和几何方程的等效积分"弱"形式——虚功原理

变形体的虚功原理可以叙述如下：变形体中任意满足平衡的力系在任意满足协调条件的变形状态上做的虚功等于零，即体系外力的虚功与内力的虚功之和等于零。

虚功原理是虚位移原理和虚应力原理的总称。它们都可以认为是与某些控制方程相等效的积分"弱"形式。虚位移原理是平衡方程和力的边界条件的等效积分"弱"形式；虚应力原理则是几何方程和位移边界条件的等效积分"弱"形式。

为了方便，我们使用张量符号推演，并将给出结果的矩阵表达形式。

1) 虚位移方程

首先，考虑平衡方程：

$$\sigma_{ij,j} + \bar{f}_i = 0 \quad (在 V 内) \quad (i=1,2,3) \tag{2.93}$$

以及力的边界条件：

$$\sigma_{ij}n_j - \bar{T}_i = 0 \quad (在 S_\sigma 上) \quad (i=1,2,3) \tag{2.94}$$

可以建立与它们等效的积分形式，现在平衡方程相当于 $A(u)=0$；力的边界条件相当于 $B(u)=0$。权函数可不失一般地分别取真实位移的变分 δu_i 及其边界值（取负值）。这样就可以得到等效积分：

$$\int_V \delta u_i (\sigma_{ij,j} + \bar{f}_i) dV - \int_{S_\sigma} \delta u_i (\sigma_{ij}n_j - \bar{T}_i) dS = 0 \tag{2.95}$$

δu_i 是真实位移的变分，就意味着它是连续可导的，同时在给定位移的边界 S_u 上 $\delta u_i = 0$。

对上式（2.95）体积分中的第 1 项进行分部积分，并注意到应力张量是对称张量，则可以得到：

$$\begin{aligned}\int_V \delta u_i \sigma_{ij,j} dV &= \int_V \delta u_i \sigma_{ij,j} dV - \int_V \frac{1}{2}(\delta u_{i,j} + \delta u_{j,i}) \sigma_{ij} dV \\ &= -\int_V \frac{1}{2}(\delta u_{i,j} + \delta u_{j,i}) \sigma_{ij} dV + \int_{S_\sigma} \delta u_i \sigma_{ij} n_j dS\end{aligned} \tag{2.96}$$

通过几何方程式（2.78）可见，式中 $\frac{1}{2}(\delta u_{i,j} + \delta u_{j,i})$ 表示的正是应变的变分，即虚应变 $\delta \varepsilon_{ij}$。以此表示代入，并将上式（2.96）代回式（2.95），就得到它经分部积分后的"弱"形式：

$$\int_V (-\delta \varepsilon_{ij} \sigma_{ij} + \delta u_i \bar{f}_i) dV + \int_{S_\sigma} \delta u_i \bar{T}_i dS = 0 \tag{2.97}$$

上式（2.97）体积分中的第一项是变形体内的应力在虚应变上所做之功，即内力的虚功；体积分中的第二项及面积分分别是体积力和面积力在虚位移上所做之功，即外力的虚功。外力的虚功和内力的虚功的总和为零，这就是虚功原理。现在的虚功是外力和内力分别在虚位移和与之相对应的虚应变上所做之功，所以得到的是虚功原理中的虚位移原理。它是平衡方程和力的边界条件的等效积分"弱"形式。它的矩阵形式是：

$$\int_V (\delta \varepsilon^T \sigma - \delta u^T \bar{f}) dV - \int_{S_\sigma} \delta u^T \bar{T} dS = 0 \tag{2.98}$$

虚位移原理的力学意义是：如果力系（包括内力 σ 和外力 $\bar{f}$ 及 $\bar{T}$）是平衡的（即在内部满足平衡方程 $\sigma_{ij,j} + \bar{f}_i = 0$，在给定外力边界 S_σ 上满足 $\sigma_{ij}n_j = \bar{T}_i$），则它们在虚位移（在给定位移边界 S_u 上满足 $\delta u_i = 0$）和虚应变［与虚位移相对应，即它们之间服从几何方程 $\delta \varepsilon_{ij} = \frac{1}{2}(\delta u_{i,j} + \delta u_{j,i})$］上所做之功的总和为零。反之，如果力系在虚位移（及虚应变）上所作之功的和等于零，则它们一定是满足平衡的。所以虚位移原理表述了力系平衡的必要而充分的条件。

应该指出，作为平衡方程和力边界条件的等效积分"弱"形式——虚位移原理的建立是以选择在内部连续可导（因而可以通过几何关系，将其导数表示为应变）和在 S_u 上满足位移边界条件的任意函数为条件的。如果任意函数不是连续可导的，尽管平衡方程和力边界条件的等效积分形式仍可建立，但不能通过分部积分建立其等效积分的"弱"形式。

再如任意函数在 S_u 上不满足位移边界条件（现在的情况，即 S_u 上 $\delta u_i \neq 0$），则总虚功应包括 S_u 上约束反力在 δu_i 上所做的虚功。

还应指出，在导出虚位移原理的过程中，未涉及物理方程（应力-应变关系），所以虚位移原理不仅可以用于线弹性问题，而且可以用于非线性弹性及弹塑性等非线性问题。

2）虚应力原理

现在考虑几何方程和位移边界条件：

$$\varepsilon_{ij} = \frac{1}{2}(u_{i,j} + u_{j,i}) \tag{2.99}$$

$$u_i = \bar{u}_i \tag{2.100}$$

它们分别相当于 $A(u) = 0$ 和 $B(u) = 0$。权函数可以分别取真实应力的变分 $\delta\sigma_{ij}$ 及其相应的边界值 δT_i，$\delta T_i = \delta\sigma_{ij}n_j$，在边界 S_σ 上有 $\delta T_i = 0$。这样构成等效积分：

$$\int_V \delta\sigma_{ij}\left[\varepsilon_{ij} - \frac{1}{2}(u_{i,j} + u_{j,i})\right]dV + \int_{S_u} \delta T_i(u_i - \bar{u}_i)dS = 0 \tag{2.101}$$

对上式（2.101）进行分部积分后可得：

$$\int_V (\delta\sigma_{ij}\varepsilon_{ij} + u_i\delta\sigma_{ij,j})dV - \int_S \delta\sigma_{ij}n_j u_i dS + \int_{S_u} \delta T_i(u_i - \bar{u}_i)dS = 0 \tag{2.102}$$

由于 $\delta\sigma_{ij}$ 是真实应力的变分，它应满足平衡方程，即 $\delta\sigma_{ij,j} = 0$，并考虑到边界上 $\delta\sigma_{ij}n_j = \delta T_i$，且在给定力边界 S_σ 上 $\delta T_i = 0$，所以上式可简化为：

$$\int_V \delta\sigma_{ij}\varepsilon_{ij}dV - \int_{S_u} \delta T_i \bar{u}_i dS = 0 \tag{2.103}$$

上式第一项代表虚应力在应变上所做的虚功（相差一负号），第二项代表虚边界约束反力在给定位移上所做的虚功。为和前述内力和给定外力在虚应变和虚位移上所做的虚功相区别，这两项虚功，从力学意义上更准确地说应称为余虚功。因此称之为余虚功原理，或虚应力原理。它的矩阵表达式形式是：

$$\int_V \delta\boldsymbol{\sigma}^T \boldsymbol{\varepsilon} dV - \int_{S_u} \delta\boldsymbol{T}^T \bar{\boldsymbol{u}} dS = 0 \tag{2.104}$$

虚应力原理的力学意义是：如果位移是协调的（即在内部连续可导，因此满足几何方程，并在给定位移的边界 S_u 上等于给定位移），则虚应力（在内部满足平衡方程，在给定外力边界 S_σ 上满足力的边界条件）和虚边界约束反力在它们上面所做之功的总和为零。反之，如果上述虚力系在它们上面所做之功的和为零，则它们一定是满足协调的。所以，虚应力原理表述了位移协调的必要而充分的条件。

与虚位移原理类似，虚应力原理的建立是以选择虚应力（在内部和力边界条件上分别满足平衡方程和力边界条件）作为等效积分形式的任意函数为条件的。否则作为几何方程和位移边界条件的等效积分形式在形式上应和现在导出的虚应力原理有所不同，这是应予注意的。

与虚位移原理相同，在导出虚应力原理过程中，同样未涉及物理方程，因此，虚应力原理同样可以应用于线弹性以及非线性弹性和弹塑性等不同的力学问题。但是应指出，无论是虚位移原理还是虚应力原理，它们所依赖的几何方程和平衡方程都是基于小变形理论的，所以它们不能直接应用于基于大变形理论的力学问题。

4. 线弹性力学的变分原理

弹性力学变分原理包括基于自然变分原理的最小位能原理和最小余能原理，以及基于约束变分原理的胡海昌-鹫津久广义变分原理和 Hellinger-Reissner 混合变分原理等。本节只讨论最小位能原理和最小余能原理。

1) 最小位能原理

最小位能原理的建立可以从上节已建立的虚位移原理出发。后者的表达式是：

$$\int_V (\delta\varepsilon_{ij}\sigma_{ij} - \delta u_i \bar{f}_i) dV - \int_{S_\sigma} \delta u_i \overline{T}_i dS = 0 \quad (2.105)$$

其中的应力张量 σ_{ij}，如利用弹性力学的物理方程式代入，则可得到：

$$\int_V (\delta\varepsilon_{ij} D_{ijkl}\varepsilon_{kl} - \delta u_i \bar{f}_i) dV - \int_{S_\sigma} \delta u_i \overline{T}_i dS = 0 \quad (2.106)$$

因为 D_{ijkl} 是对称张量，并利用式（2.91），则有：

$$(\delta\varepsilon_{ij}) D_{ijkl}\varepsilon_{kl} = \delta\left(\frac{1}{2} D_{ijkl}\varepsilon_{ij}\varepsilon_{kl}\right) = \delta U(\varepsilon_{mn}) \quad (2.107)$$

由此可见式（2.107）中体积分的第一项就是单位体积应变能的变分。

在线弹性力学中，假定体积力 $\bar{f}_i$ 和边界上面力 $\overline{T}_i$ 的大小和方向都是不变的，即可从位势函数中 $\phi(u_i)$ 和 $\psi(u_i)$ 导出，则有：

$$-\delta\phi(u_i) = \bar{f}_i \delta u_i \quad -\delta\psi(u_i) = \overline{T}_i \delta u_i \quad (2.108)$$

将式（2.108）代入式（2.107），就得到：

$$\delta \Pi_p = 0 \quad (2.109)$$

其中：

$$\Pi_p = \Pi_p(u_i) = \int_V [U(\varepsilon_{ij}) + \phi(u_i)] dV + \int_{S_\sigma} \psi(u_i) dS$$
$$= \int_V \left(\frac{1}{2} D_{ijkl}\varepsilon_{ij}\varepsilon_{kl} - \bar{f}_i u_i\right) dV - \int_{S_\sigma} \overline{T}_i u_i dS \quad (2.110)$$

Π_p 是系统的总位能，它是弹性体变形位能和外力位能之和。上式表明：在所有区域内连续可导的（注：连续可导指 $U(\varepsilon_{ij})$ 中的 ε_{ij} 能够通过几何方程用 u_i 的导数表示）并在边界上满足给定位移条件的可能位移中，真实位移使系统的总位能取驻值。还可以进一步证明在所有可能位移中，真实位移使系统总位能取最小值，因此上式所表述的称为最小余能原理。

2) 最小余能原理

最小余能原理的推导步骤和最小位能原理的推导类似，只是现在是从虚应力原理出发，作为几何方程和位移边界条件的等效积分"弱"形式的虚应力原理在上节中已经得到，表达如下：

$$\int_V \delta\sigma_{ij}\varepsilon_{ij} dV - \int_{S_u} \delta T_i \bar{u}_i dS = 0 \quad (2.111)$$

将线弹性物理方程式（2.86）代入上式（2.111），即可得到：

$$\int_V \delta\sigma_{ij} C_{ijkl}\sigma_{kl} dV - \int_{S_u} \delta T_i \bar{u}_i dS = 0 \quad (2.112)$$

同样，C_{ijkl} 也是对称张量，并已知余能表达式，所以上式（2.112）体积分内被积函数就是余能的变分。这是因为：

$$\delta\sigma_{ij} C_{ijkl}\sigma_{kl} = \delta\left(\frac{1}{2} C_{ijkl}\sigma_{ij}\sigma_{kl}\right) = \delta V(\sigma_{mn}) \quad (2.113)$$

而式（2.112）面积分内被积函数，在给定位移 $\bar{u}_i$ 保持不变情况下是外力的余能。这样一来，式（2.112）可以表示为：

$$\delta \Pi_c = 0 \tag{2.114}$$

其中：

$$\Pi_c = \Pi_c(\sigma_{ij}) = \int_V V(\sigma_{mn}) \mathrm{d}V - \int_{S_u} T_i \bar{u}_i \mathrm{d}S$$
$$= \int_V \frac{1}{2} C_{ijkl} \sigma_{ij} \sigma_{kl} \mathrm{d}V - \int_{S_u} T_i \bar{u}_i \mathrm{d}S \tag{2.115}$$

它是弹性体余能和外力余能的总和，即系统的总余能。上式表明，所有在弹性体内满足平衡方程，在边界上满足力的边界条件的可能应力中，真实的应力使系统的总余能取驻值。还可以用与证明真实位移使系统总位能取最小值类同的步骤，证明在所有可能的应力中，真实应力使系统总余能取最小值，因此式（2.114）表述的是最小余能原理。

3）弹性力学变分原理的能量上、下界

由于最小位能原理和最小余能原理都是极值原理，它们可以给出能量的上界或下界，这对估计近似解的特性是有重要意义的。

将式（2.110）和式（2.115）相加得到：

$$\Pi_p(u_i) + \Pi_c(\sigma_{ij})$$
$$= \int_V \left[\frac{1}{2} D_{ijkl} \varepsilon_{ij} \varepsilon_{kl} + \frac{1}{2} C_{ijkl} \sigma_{ij} \sigma_{kl} \right] \mathrm{d}V - \int_V \bar{f}_i u_i \mathrm{d}V - \int_{S_\sigma} \bar{T}_i u_i \mathrm{d}S - \int_{S_u} T_i \bar{u}_i \mathrm{d}S \tag{2.116}$$
$$= \int_V \sigma_{ij} \varepsilon_{ij} \mathrm{d}V - \int_V \bar{f}_i u_i \mathrm{d}V - \int_{S_\sigma} \bar{T}_i u_i \mathrm{d}S - \int_{S_u} T_i \bar{u}_i \mathrm{d}S$$

式中第一项体积分等于应变能的 2 倍，后三项积分（不包括负号）之和是外力功的 2 倍。根据能量平衡，应变能应等于外力功，因此得到弹性系统的总位能与总余能之和为零。现在用 Π_p，Π_c 表示取精确解时系统的总位能和总余能；Π_p^*，Π_c^* 表示取近似解时系统的总位能和总余能，假定在几何边界 S_u 上给定位移 $\bar{u}_i = 0$，可以推得：

$$\Pi_c = \int_V \frac{1}{2} C_{ijkl} \sigma_{ij} \sigma_{kl} \mathrm{d}V = \int_V V(\sigma_{ij}) \mathrm{d}V \tag{2.117}$$

$$\Pi_p = \int_V \frac{1}{2} D_{ijkl} \varepsilon_{ij} \varepsilon_{kl} \mathrm{d}V - \int_V \bar{f}_i u_i \mathrm{d}V - \int_{S_\sigma} \bar{T}_i u_i \mathrm{d}S \tag{2.118}$$

上式（2.118）后两项积分（不包括负号）此时是外力功的 2 倍，因此总位能数值上等于弹性体系的总应变能，取负号，即：

$$\Pi_p = -\int_V \frac{1}{2} D_{ijkl} \varepsilon_{ij} \varepsilon_{kl} \mathrm{d}V = -\int_V U(\varepsilon_{ij}) \mathrm{d}V \tag{2.119}$$

由最小位能原理可知：

$$\Pi_p^* \geqslant \Pi_p \tag{2.120}$$

则有：

$$\int_V U(\varepsilon_{ij}^*) \mathrm{d}V \leqslant \int_V U(\varepsilon_{ij}) \mathrm{d}V \tag{2.121}$$

由最小余能原理：

$$\Pi_c^* \geqslant \Pi_c \tag{2.122}$$

则有：

$$\int_V V(\sigma_{ij}^*)\mathrm{d}V \geqslant \int_V V(\sigma_{ij})\mathrm{d}V \quad (2.123)$$

式（2.121）和式（2.123）中 ε_{ij}^*，σ_{ij}^* 分别为取近似解时的应变场和应力场函数。

由此可见，利用最小位能原理求得位移近似解的弹性变形能是精确解变形能的下界，即近似的位移场在总体上偏小，也就是说结构的计算模型显得偏于刚硬；而利用最小余能原理得到的应力近似解的弹性余能是精确解余能的上界，即近似的应力解在总体上偏大，结构的计算模型偏于柔软。当分别利用这两个极值原理求解同一问题时，我们将获得这个问题的上界和下界，可以较准确地估计所得近似解的误差，这对于工程计算具有实际意义。

2.3 有限元法求解步骤

对于不同物理性质和数学模型的问题，有限元求解法的基本步骤是相同的，只是具体公式推导和运算求解不同。有限元求解问题的基本步骤通常为[62]：

（1）问题及求解域定义。根据实际问题近似确定求解域的物理性质和几何区域。

（2）求解域离散化。将求解域近似为由不同大小和形状且彼此相连的有限个单元组成的离散域，习惯上称为有限元网络划分。显然单元越小（网络越细），则离散域的近似程度越好、计算结果也越精确，但是计算量及误差都将增大，因此求解域的离散化是有限元法的核心技术之一。

（3）确定状态变量及控制方法。一个具体的物理问题通常可以用一组包含问题状态变量边界条件的微分方程式表示，为适合有限元求解，通常将微分方程化为等价的泛函数形式。

（4）单元推导。对单元构造一个适合的近似解，即推导有限单元的列式，其中包括选择合理的单元坐标系，建立单元式函数，以某种方法给出单元各状态变量的离散关系，从而形成单元矩阵（结构力学中称刚度阵或柔度阵）。为保证问题求解的收敛性，单元推导有许多原则要遵循。对工程应用而言，重要的是应注意每一种单元的解题性能与约束，例如单元形状应以规则为好，单元形状畸形时不仅精度低，而且有缺秩的危险，将导致无法求解[63]。

（5）总装求解。将单元总装形成离散域的总矩阵方程（联合方程组），反映对近似求解域的离散域的要求，即单元函数的连续性要满足一定的连续条件。总装是在相邻单元节点进行，状态变量及其导数（可能的话）连续性建立在节点处。

（6）联立方程组求解和结果解释。有限元法最终导致联立方程组。联立方程组的求解可用直接法、选代法和随机法，求解结果是单元节点处状态变量的近似值，对于计算结果的质量，将通过与设计准则提供的允许值比较来评价并确定是否需要重复计算。

概括起来，有限元法可分成三个阶段：前处理、处理和后处理。前处理是建立有限元模型，完成单元网格划分；后处理则是采集处理分析结果[64]。

3 混凝土重力坝静动力分析

3.1 概述

随着水利工程的不断兴建,工程的选址也越来越艰难,且大多数处于强烈地震频发区[65]。随着坝体的不断加高以及超过200m高重力坝的出现,对于坝体抗震安全性能的要求越来越严格,假使这样的高坝在地震中受到破坏,将造成不可想象的严重后果。所以在高地震烈度地区修建高坝的一项首要问题就是解决大坝的抗震问题,一方面要求坝体具有足够的安全抗震性能;另一方面还要考虑经济效益等问题,这对工程和学术界提出了更严峻的考验。混凝土重力坝在中国乃至世界的水电开发建设中,都占有重要的一席之地,并随着混凝土技术而不断发展。碾压混凝土国际里程碑工程——最高大坝216.5m的龙滩水电站正式建成投产,200m级碾压混凝土关键技术的研究有了新的突破,标志着我国碾压混凝土重力坝设计和施工技术走到了国际前列[66-67]。

为了满足国民经济发展的需求,提高清洁能源的整体比重,充分利用水资源,我国从无到有、白手起家自主设计和修建了大、中、小型水利水电工程,已建和在建的混凝土重力坝的数量和高度已跃居世界首位[68]。随着大坝的不断兴建,坝体的选址条件越来越恶劣,且大部分都集中在我国的西南、中南和西北地区,处于高烈度地震带的活跃地区,地质构造条件极其复杂,使得大坝的抗震问题越来越突出,尤其是自2008年5月12日四川汶川特大地震发生后,我国有100多座水坝受到不同程度的损害,庆幸的是没有发生垮坝事故。但万一垮坝,将对水库下游地区人民的生命财产及生产生活将造成灾难性伤害。因此,大坝等水工建筑物的抗震安全问题是关系到国计民生的一项大事,具有十分重要的经济和政治意义[69]。

3.2 计算原理

3.2.1 静力分析方法

通过有限元进行重力坝的静力分析的原理是基于坝体的质量和外部力对其产生的静态平衡。根据1.3.1节可知:重力坝应力分析计算的基本荷载主要有自重、上游水压力、扬压力及动水压力。

1. 坝体自重

仅考虑坝体自重,按一次建成施加。建筑物的重力可以较准确算出,材料重度应实地测量或参考荷载规范定出。坝体自重计算公式如下:

$$G = \gamma_c V \tag{3.1}$$

式中:G 为单位宽度大坝重力;γ_c 为混凝土重度;V 为单位宽度大坝体积。

2. 静水压力

水库在运行使用中，由于水体的作用，上下游存在静水压力，静水压力随上下游水位而定。静水压强 p 计算公式如下：

$$p = \gamma_w h \tag{3.2}$$

单位宽度上的水平面静水压力 P 计算公式如下：

$$P = \frac{1}{2}\gamma_w H^2 \tag{3.3}$$

式中：γ_w 为水体重度；h 为水面以下的深度；H 为水深。

3. 扬压力

扬压力采用坝基设有防渗帷幕和排水孔时计算。在坝踵处的扬压力作用水头为上游库水位 H_1，排水孔处的水头为 $H_2+\alpha(H_1-H_2)$，坝趾处的扬压力作用水头为下游水位 H_2，其间以直线连接，折减系数 α 采用 0.25。扬压力施加于坝体有限元模型底部单元上。

3.2.2 地震响应分析方法

我国诸多大坝都是修建在高烈度的地震多发区，坝体需主要承受坝体自重、设备重、动水及静力压力等长期荷载作用外，还承受偶发地震作用，为保证大坝安全正常运行和人民生命财产的安全，防止偶发地震对坝体造成破坏，对大坝作抗震安全分析是极为必要的。目前常见的地震响应分析方法主要有下列三种：拟静力法、反应谱分析法和动力时程分析法[70-71]。

拟静力方法[72-74]发展较早，主要是通过将动力荷载转化为静力荷载加载后近似的求解动力方程。由于方法很简单，工作量小，容易确定有关参数，但它只适用于较小的加速度动态交互不是很突出的结构抗震设计，因为拟静力法不能反映材料和结构之间的动态耦响应关系。反应谱理论是动态设计的简化，通过将复杂的多质点动力体系简化成为静态设计的单质点系统，使得计算更加方便和快捷。本书采用反应谱法对重力坝进行坝体抗震分析。

反应谱分析法[75-77]是将地震作用分解为各振型分量并加载到结构上，然后再通过一定的方法叠加来得到最终的结构地震响应值。反应谱法有几个假设：

(1) 结构是弹性反应，反应可以叠加。
(2) 地基是不转动的，不考虑地基与结构的相互作用。
(3) 质点的最大反应即为其最不利反应。
(4) 地震是平稳随机过程。

在结构地震反应分析中，常用的方法是振型分解反应谱法，振型分解反应谱法是一种近似方法。它是基于振型叠加法得到的。其基本原理是：假设结构是一个线性弹性多自由度系统进行分析和求解[78]。它需要两个原理，一个是模式分解的原理，另一个是模式正交性的原理。通过求解多个独立的单自由度体系，在求解最大地震反应优化后，得到各振型的地震效应，然后根据综合效应将地震效应综合计算为总作用效应。

(1) 地震作用下单质点系统[79]

单质点体系矩阵运动方程：

$$[K]\{\delta\}+[C]\{\beta\}+[M]\{\alpha\}+[M]\{\ddot{a}\}=0 \tag{3.4}$$

式中：$\{\delta\}$ 为单质点位移列阵；$\{\beta\}$ 为单质点速度列阵；$[K]$ 为对应的劲度整体矩阵；$[C]$ 为对应的整体阻尼矩阵；$[M]$ 为对应的整体质量矩阵；$\{\ddot{a}\}$ 为单质点的加速度列阵。

公式可变换为：

$$-[M]\{\ddot{a}\} = [K]\{\delta\} + [C]\{\beta\} + [M]\{\alpha\} \tag{3.5}$$

式中：$-[M]\{\ddot{a}\}$ 为地震作用在质点的力随时间改变，式的解由对应单位矩阵组合形成，表示不同时刻在任何力影响下的相对位移。

$$\{\ddot{a}\} = [\ddot{\alpha} \quad \ddot{\beta} \quad \ddot{\chi} \quad \ddot{\alpha} \quad \ddot{\beta} \quad \ddot{\chi} \quad \cdots] \tag{3.6}$$

式中：$\ddot{\alpha}$、$\ddot{\beta}$、$\ddot{\chi}$ 为振动加速度沿着 x、y、z 坐标轴矢量分量，从而求出地震作用下质点的响应。

(2) 单自由度弹性体系抗震分析

单自由度弹性体系动力方程：

$$\ddot{x}(t) + 2\zeta\omega\dot{x}(t) + \omega^2 x(t) = -\ddot{x}_g(t) \tag{3.7}$$

当加速度矢量 $\ddot{x}_g(t) = 0$ 且 $t = 0$ 时，方程解为：

$$x(t) = e^{-\zeta\omega t}\left[x(0)\cos\omega' t + \frac{\dot{x}(0) + \zeta\omega x(0)}{\omega'}\sin\omega' t\right] \tag{3.8}$$

式中：$x(0)$ 为结构 $t=0$ 时刻相对于地面位移；$\dot{x}(0)$ 为结构 $t=0$ 时刻相对于地面加速度。

最后公式：

$$S_l = |x(t)|_{max} \tag{3.9}$$

$$S_v = |\dot{x}(t)|_{max} \tag{3.10}$$

$$S_a = |\ddot{x}(t) + \ddot{x}_g(t)|_{max} \tag{3.11}$$

式中：S_l、S_v、S_a 分别为相对位移、速度、加速度反应谱最大值。

我国大部分工程设计均依据《水工建筑物抗震设计标准》GB 51247—2018，其场地反应谱特征周期取 0.2s，水库的标准设计反应谱如图 3.1 所示。

图中参数说明：β_{max} 为各类水工建筑物的标准设计反应谱最大值的代表值，对于重力坝取 $\beta_{max}=2.0$，β_{min} 为标准设计反应谱下限值的代表值 $\beta_{min} \geq 0.2\beta_{max}$，取 $\beta_{min}=0.4$，T_g 为场地的标准设计反应谱的特征周期，取 $T_g=0.2$s。

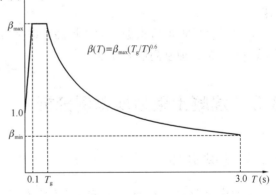

图 3.1 标准设计反应谱

3.2.3 计算流程

进行重力坝的静动力分析是一个复杂的工程任务，使用 ANSYS 可以进行数值模拟以评估坝体在静态和动态荷载下的行为。以下是一般的步骤：

(1) 建立有限元模型。分为几何模型和材料模型，首先是建立几何模型，然后在几何模型上添加模型材料。确保模型准确反映坝体的几何特征,包括坝体的形状、大小、坡度等。

(2) 划分网格。将几何模型划分为有限元网格,网格的质量和细致度将直接影响分析的准确性。

(3) 定义材料属性。设置混凝土或其他材料的材料属性,如弹性模量、泊松比、密度等。对于静动力分析,还需要定义材料的动态参数,如杨氏模量和阻尼比等。

(4) 应用边界条件。定义模型的边界条件,包括约束和外部加载。对于静力分析,通常需要定义坝体受到的静态荷载,如自重、水压力等。对于动力分析,需要考虑地震作用、风荷载等动态荷载。

(5) 定义分析类型。对于静力分析,使用静态分析类型。对于动力分析,使用模态分析、时程分析或频率响应分析等类型,具体取决于加载条件。

(6) 求解分析。运行 ANSYS 的求解器来执行分析,计算结构的响应。对于动力分析,需要计算模态分析或时程分析的结果。

通过 ANSYS 软件进行有限元分析求解时,其中最重要的是对模型的网格划分。模型单元网格的划分直接影响计算误差和计算时间,因此对模型单元网格的划分应遵循一定的原则。对于重力坝模型应遵循以下原则[80]:

(1) 对应力较为集中或者应力变化较大的部分,比如坝踵、坝趾、坝头折点处等,单元划分应较密,而对于其他地方如坝顶、地基较远地区可以较疏。

(2) 通常以坝体的横截面作为坝体分析的标准,所以分区的主要部分通常垂直于坝轴线横向平行分区。

(3) 单元的形态应大体均匀,尤其是坝踵、坝趾等重要部位。

(4) 不同的坝体材料、不同性质的地基、岩层裂隙等,均应分成不同的单元进行网格划分,但是层与层接触的地方网格节点应相同,以保持不同单元体互相之间传力的准确性。

(5) 地基的取值应根据不同的坝高、地基岩性和坝体与地基的弹性模量等因素,综合考虑用于分析的地基高度和宽度。

3.3 混凝土重力坝算例分析

3.3.1 基本条件

某水库上游水位 290m,下游水位 225m。挡水建筑物为碾压混凝土重力坝,最大坝高 100m,坝顶长度 10m。大坝基本断面为三角形:上游 1500m 高程以下为斜坡,坝段厚度为 20m,坝顶高程 300m,坝基面高程 200m,坝顶宽 16m。计算断面如图 3.2 所示。

本次计算将坝体材料简化为均质材料,坝体材料的力学参数见表 3.1。

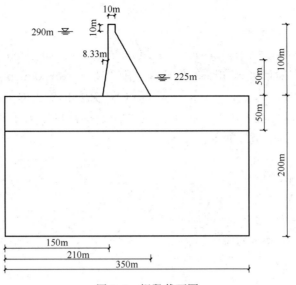

图 3.2 坝段截面图

坝体混凝土材料力学性能参数　　　　　表 3.1

静态弹性模量（GPa）	25.00
静态抗压强度（MPa）	14.00
重度（kN/m³）	24.00
泊松比	0.17

地基岩体材料参数见表 3.2。地基假定为均质线弹性介质，忽略材料阻尼。

地基岩体材料参数　　　　　表 3.2

弹性模量（GPa）	21.00
重度（kN/m³）	26.00
泊松比	0.20

主要计算坝体正常挡水及正常挡水加地震情况，荷载组合情况见表 3.3。计算的基本荷载主要有自重、上游水压力、扬压力、动水压力及地震反应谱计算荷载计算方法。

计算工况荷载组合　　　　　表 3.3

计算工况	自重	静水压力	地震动水压力	扬压力	谱分析地震 $B_{max}=2$
工况 1	√	√	—	√	—
工况 2	√	√	√	√	√

3.3.2 建立模型

假定模型顺河流方向为 X 方向，坝轴线方向为 Z 方向，垂直流向为 Y 轴，大坝和地基按统一整体建模。

1. 输入关键点

单击"Main Menu > Preprocessor > Modeling > Creat >Keypoints > In Active CS"菜单命令，打开对话框，如图3.3所示。在"NPT Keypoint number"后面的输入框中输入"1"，在"X, Y, Z Location in active CS"后面的输入框中输入"0，0，0"，单击"Apply"按钮，这样就创建了关键点1。依次重复操作在"NPT Keypoint number"后面的输入框中输入关键点坐标如下：

1　$X=0$，$Y=0$，$Z=0$；
2　$X=0$，$Y=200$，$Z=0$；
3　$X=141.67$，$Y=200$，$Z=0$；
4　$X=150$，$Y=250$，$Z=0$；
5　$X=150$，$Y=300$，$Z=0$；
6　$X=160$，$Y=300$，$Z=0$；
7　$X=160$，$Y=290$，$Z=0$；
8　$X=210$，$Y=200$，$Z=0$；
9　$X=350$，$Y=200$，$Z=0$；
10　$X=350$，$Y=0$，$Z=0$。

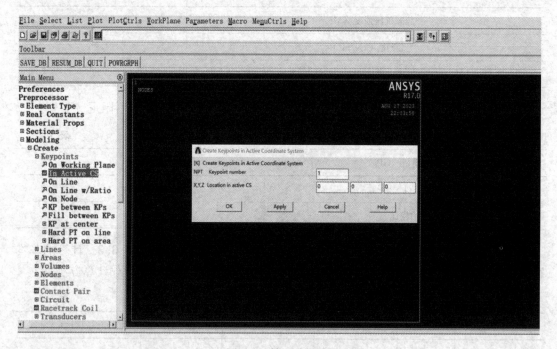

图3.3　输入关键点

2. 连接关键点，形成坝体的线模型

依次单击"Main Menu>Preprocessor>Modeling>Create>Lines>Straight Lines"菜单命令，打开"Create Straight Lines"对话框，如图3.4所示。用鼠标依次单击关键点"1、2"，单击"Apply"按钮，创建了直线L1。同样的操作步骤，分别连接：

L1，1，2
L2，2，3
L3，3，4
L4，4，5
L5，5，6
L6，6，7
L7，7，8
L8，8，9
L9，9，10
L10，10，1

最后，单击"OK"按钮，得到大坝断面线模型。

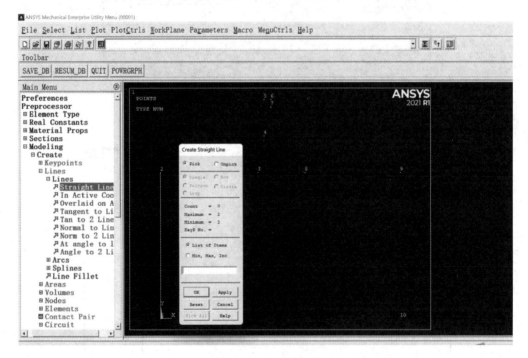

图 3.4　由点连线

依次单击"Plotctrls＞Numbering"弹出如图 3.5 所示的对话框"Plot Numbering Controls"，在"KP"后面的选择框选择"On"，显示关键点号。最终大坝线模型如图 3.6 所示。

3. 形成坝体及基础面的面模型

依次单击"Main Menu＞Preprocessor＞Modeling＞Create＞Areas＞Arbitrary＞by Lines"菜单命令，弹出一个"Create Area by Lines"对话框，在图形中选取线"L1-L10"，点击"Apply"按钮，得到坝体的面，点击"OK"按钮，如图 3.7 所示。

4. 定义单元类型图

定义地基为 PLANE182 单元：单击"Main Menu ＞ Preprocessor ＞ Element Type ＞ Add/Edit/Delete"菜单命令栏，打开对话框，单击"Add"，打开"Library of Element Types"

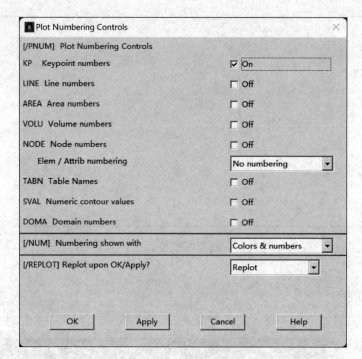

图 3.5 显示关键点号

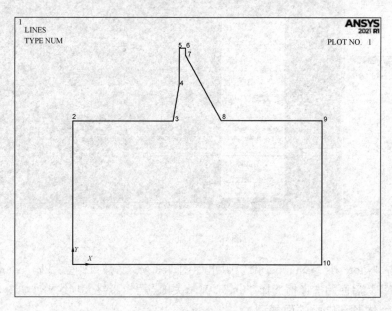

图 3.6 模型线框图

对话框。在这个对话框里选择"Solid"中的 Quad 4 node 182 单元,单击"OK"按钮,定义单元如图 3.8 所示。

5. 定义材料属性

单击"Main Menu > Preprocessor > Material Models"菜单命令,打开"Define Material Model Behavior"对话框,如图 3.9 所示。

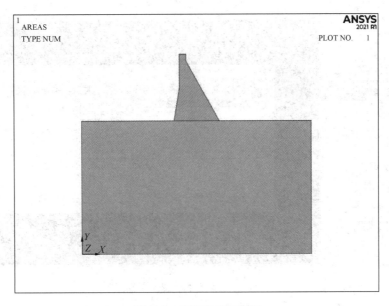

图3.7 坝体基础面模型

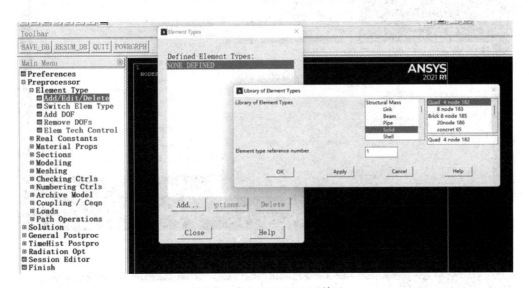

图3.8 定义PLANE182单元

在图3.9中的右边栏中,单击"Structural > Linear > Elastic > Isotropic"后,弹出如图3.10所示"Linear Isotropic Material Properties for Material Number 1"对话框,在这个对话框中"EX"材料弹性模量后面的输入框中输入"3.75e10",在"PRXY"输入框后面输入"0.167",单击"OK"按钮。

再选中"Density"并单击,打开如图3.11所示"Density for Material Number 1"对话框,在"DENS"后面的输入框中输入"2400",单击"OK"按钮。完成混凝土材料的材料属性设置。

重复上述步骤,输入坝体基础的材料属性,地基岩体:弹性模量 $E_j = 21\text{GPa}$,泊松比 $\mu_j = 0.2$,重度 $r_j = 26\text{kN/m}^3$。

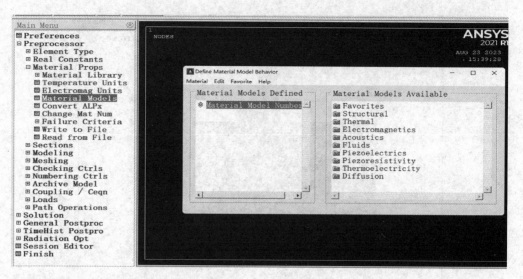

图 3.9 定义材料模型对话框

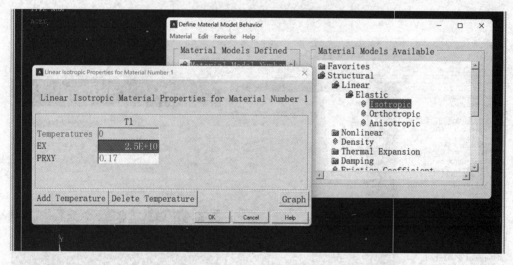

图 3.10 定义混凝土弹性模量及泊松比

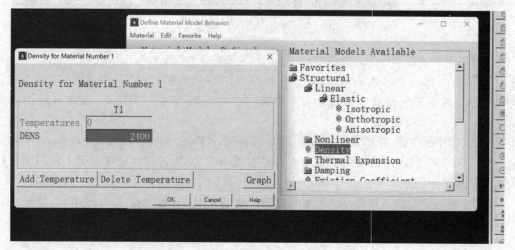

图 3.11 定义混凝土重度

3.3.3 划分网格

1. 赋给模型体属性

依次单击"Main Menu > Preprocessor > Meshing > Mesh Attributes > Picked Areas"菜单命令弹出"Area Attributes"对话框用鼠标点选坝体,单击"OK"按钮弹出如图 3.12、图 3.13 所示。在"MAT"后面的选项框中选择"3",在"TYPE"后面的选择中选择 Plane182,单击"Apply"按钮完成坝体材料及单元属性赋值。

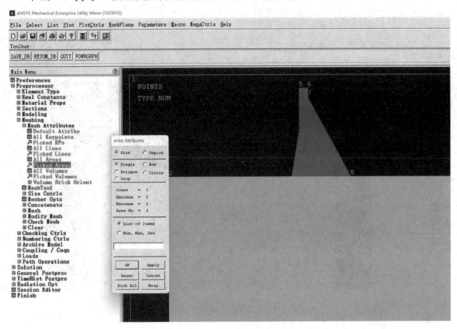

图 3.12 选择坝体

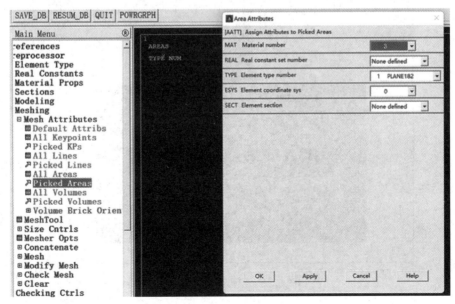

图 3.13 赋予材料属性

2. 划分单元

依次单击"Main Menu>Preprocessor>Meshing>Meshtool"菜单命令，弹出"Meshtool"对话框，单击"Size Controls"下"Global"后面的"Set"按钮，在弹出的"Global Element Sizes"对话框中，在"Size"的输入框中输入"3"，单击"OK"按钮完成单元尺寸设置。操作步骤如图3.14所示。

在"Meshtool"对话框中"Mesh"后面的下拉对话框中选"Areas"，将"Shape"后面的点选为"Quad"以及"Free"，然后单击"Mesh"按钮，弹出的"Mesh Areas"对话框，点击"Picked All"按完成坝体的单元划分。完成后如图3.15所示。

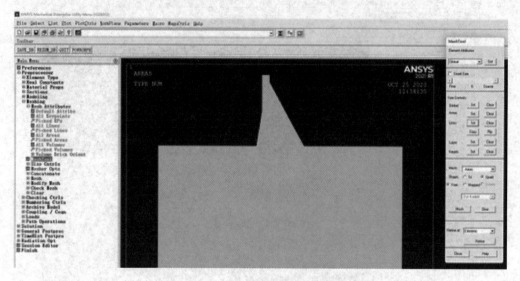

图3.14　完成单元尺寸设置

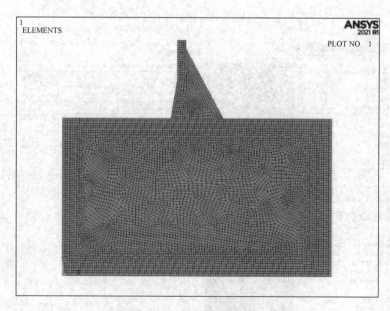

图3.15　模型划分网格图

3.3.4 施加荷载与约束

1. 坝体基础底部施加位移约束

依次单击"Main Menu > Solution > Define Loads > Apply > Structural > Displacement > On Lines",选取约束处,单击"OK",弹出"Apply U,ROT on Lines"对话框,如图 3.16 所示,在"DOFs to be constrained"栏后面中选取"All DOF"。

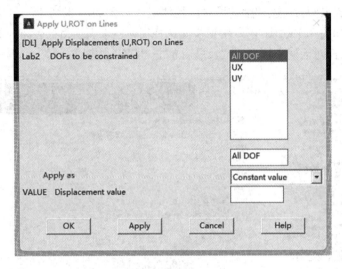

图 3.16 施加约束

2. 施加重力加速度

单击"Main Menu > Solution > Define Loads > Apply > Structural > Inertia > Gravity > Global",弹出"Apply (Gravitational) Acceleration"对话框,如图 3.17 所示。在"Global Cartesian Y-comp"栏后面输入重力加速度值,单击"OK"按钮,就完成了重力加速度的施加。

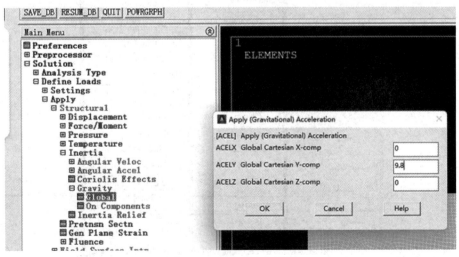

图 3.17 施加重力加速度

3. 施加静水压力

该水压力荷载沿坝高方向呈三角形分布，施加时首先应设置沿坝高方向上的荷载梯度，依次单击"Main Menu ＞ Solution ＞ Define Loads ＞ Settings ＞For Surface Ld＞Gradient"菜单命令，弹出"Gradient Specification for Surface Loads"对话框，在"Lab"后面的输入框中选择"Pressure"，在"SLOPE"后面的输入框中输入"－9800"（N/m）；在"Sldir"后面的输入框中选择"Y direction"；在"SLZER"后面的输入框中输入"290"（m）；最后单击"OK"按钮，完成水压力荷载梯度的设置。具体操作步骤如图 3.18 所示。设置完水压力荷载梯度后，按照如图 3.19、图 3.20 所示步骤选择坝体迎水面坝踵上表面的节点上施加荷载，在"VALUE"后面对话框中输入"0"，最后单击"OK"按钮。

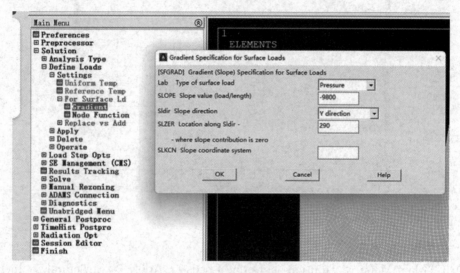

图 3.18 设置水压力荷载梯度

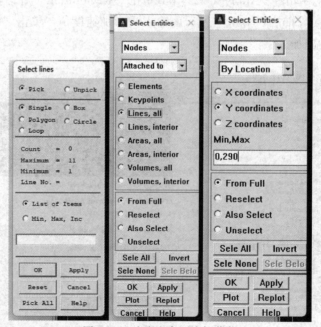

图 3.19 选取迎水面施加荷载

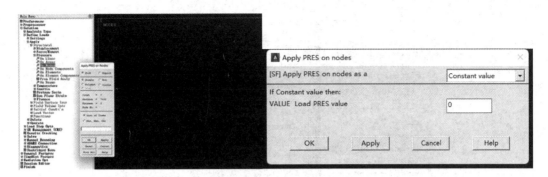

图 3.20 施加上游静水压力荷载

4. 施加下游静水压力

该水压力荷载沿坝高方向呈三角形分布，施加时首先应设置沿坝高方向上的荷载梯度，依次单击"Main Menu > Solution > Define Loads > Settings >For Surface Ld> Gradient"菜单命令，弹出"Gradient Specification for Surface Loads"对话框，在"Lab"后面的输入框中选择"Pressure"，在"SLOPE"后面的输入框中输入"−9800"（N/m）；在"Sldir"后面的输入框中选择"Y direction"；在"SLZER"后面的输入框中输入"225"（m）；最后单击"OK"按钮，完成水压力荷载梯度的设置。具体操作步骤如图 3.21 所示。设置完水压力荷载梯度后，按照如图 3.22 所示步骤选择坝体迎水面坝踵上表面节点施加荷载，在"VALUE"后面对话框中输入"0"，最后单击"OK"按钮。

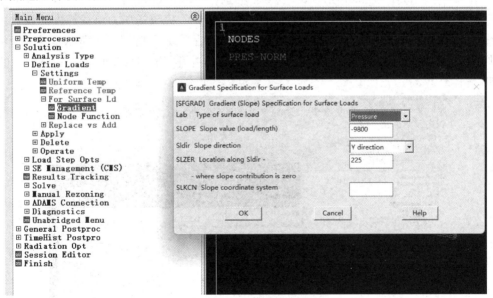

图 3.21 设置荷载梯度

5. 施加坝基扬压力荷载

输入坝基的扬压力，该扬压力施加时沿坝基顺水流方向呈三角形分布，依次单击"Main Menu>Solution > Define Loads > Settings > For Surface Ld>Gradient"菜单命令，弹出"Gradient Specification for Surfaure Loads"对话框，在"Lab"后面的输入框

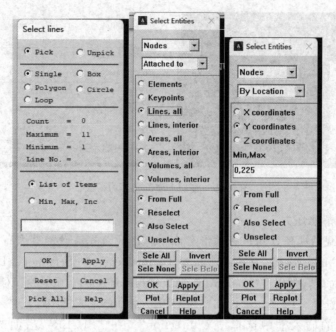

图 3.22　选择受力面节点

中选择"Pressure",在"SLOPE"后面的输入框中输入"(245000－882000)/(210.00－141.67)"(N/m),在 Sldir 后面的输入框中选择"X direction",在 SLZER 后面的输入框中输入"(210.00－141.67)"(m),最后单击"OK"完成扬压力荷载梯度的设置。具体操作步骤如图 3.23 所示。设置完扬压力荷载梯度后,按照如图 3.24 所示步骤选择坝体与坝基接触的面,施加荷载在"Value"后面对话框中输入"245000",最后单击"OK"按钮。

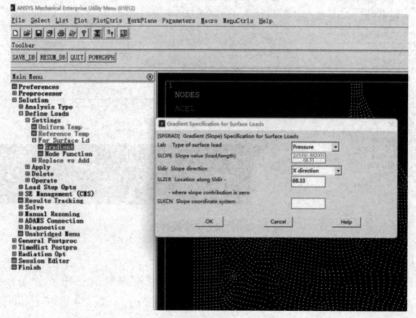

图 3.23　设置扬压力荷载梯度

3 混凝土重力坝静动力分析

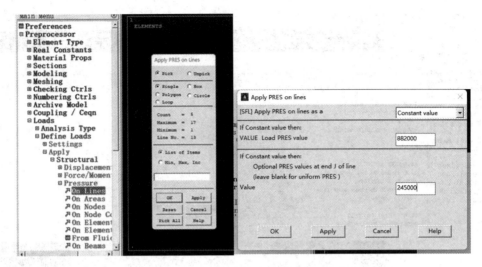

图 3.24　选择扬压力受力面并施加力

3.3.5　静力求解设置

依次单击"Main Menu＞Solution＞Analysis Type＞New Analysis"菜单命令，弹出一个如图 3.25 所示对话框，在"Type of analysis"栏后面选中"Static"，单击"OK"按钮。

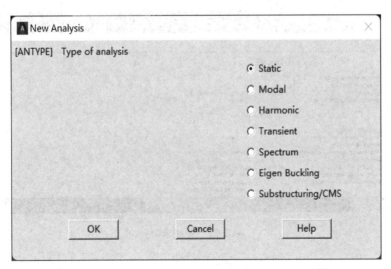

图 3.25　设置求解类型

依次单击"Main Menu＞Solution＞Solve＞Current Ls"菜单命令，弹出求解选项、文本信息和当前求解步对话框，单击当前求解步对话框上的"OK"按序进行求解，最后弹出求解完成的对话框，单击"Close"按钮结束求解。具体如图 3.26、图 3.27 所示。

依次单击"Utility Menu＞File＞ Save as"，弹出一个"Save Database"对话框，在"Save Database to"下面输入栏中输入文件名"Dam-static.db"，单击"OK"按钮，保留求解结果。

51

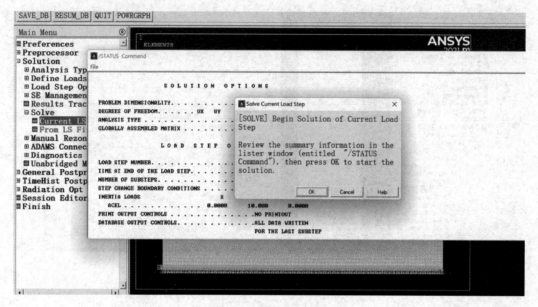

图 3.26 求解过程

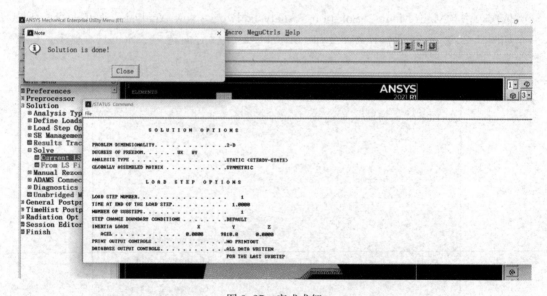

图 3.27 完成求解

3.3.6 动力分析设置

1. 模态分析

模态分析主要是为了确定结构的自振特性,即固有频率和振型,从而优化坝体的结构设计,避免产生共振破坏。同时模态分析也是各种动力学分析类型的基础内容,需要从中提取结构自振时的频率和振型,得到的自振频率在后续时程分析的复合阻尼比计算中需要用到。

利用 APDL 语言编制动力响应下附加命令流。模态分析中,地基看作刚体地基,重复模型建立步骤值施加约束，同时将地基材料属性中的密度设为1e-10。

1）设置分析类型

依次单击"Main Menu ＞ Solution ＞Analysis Type＞ New Analysis"菜单命令弹出一个如图3.28所示对话框，在"Type of analysis"栏后面选中"Modal"单击"OK"按钮。

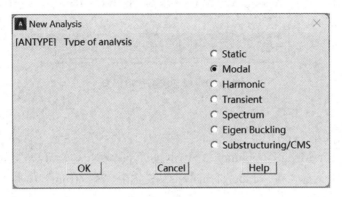

图3.28 模态分析求解设置

2）设置模态分析选项

依次单击"Main Menu ＞ Solution ＞Analysis Type ＞Analysis Options"菜单命令，弹出一个如图3.29所示对话框，在"Mode extraction method"栏后面选中"Block Lanczos"，在"No. of modes to extract"和"NMODE No. of modes to expand"栏后面输入"10"，在"Expand mode shapes"和"Elcalc Calculate elem results?"后面小方框用鼠标选中，单击"OK"按钮。又弹出一个"Block Lanczos Method"对话框，按图3.29中设置后，单击"OK"按钮。

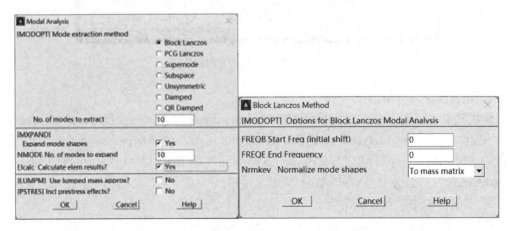

图3.29 模态分析求解时子空间设置对话框

3）模态分析求解

依次单击"Main Menu ＞Solution ＞Solve ＞Current Ls"菜单命令，弹出一个模态求解选项信息（图3.30）和一个当前求解荷载步对话框，检查信息无错误后单击"OK"按钮开始求解运算，弹出"Solution is done"的提示栏表示求解结束。

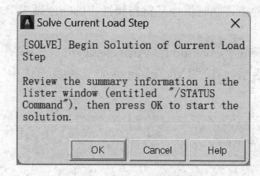

图 3.30　模态求解选项信息

2. 反应谱分析

1）设置分析类型

依次单击"Main Menu＞Solution＞Analysis Type＞New Analysis"菜单命令，弹出一个如图 3.31 所示对话框，在"Type of analysis"栏选中"Spectrum"单击"OK"按钮。

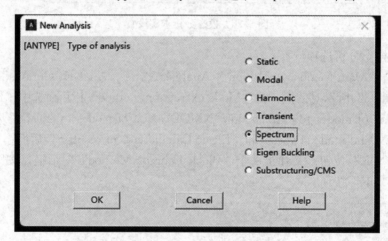

图 3.31　设置分析类型对话框

2）设置反应谱分析选项

依次单击"Main Menu＞Solution＞Analysis Type＞Analysis Options"菜单命令，弹出一个"Spectrum Analysis"对话框，如图 3.32 所示，在"Type of spectrum"后面栏中选取"Single-pt resp"，在"No. of modes for solu"后面输入"10"，在"Calculate elem stresses？"后面选中"Yes"单击"OK"按钮。

3）设置反应谱单点分析选项

依次单击"Main Menu＞Solution＞Load Step Opts＞Spectrum＞Single Point＞Settings"菜单命令，弹出一个"Settings for Single-Point Response Spectrum"对话框，如图 3.33 所示。在"Type of response spectrum"栏后面下拉菜单选中"Seismic accel"，在"SEDX，SEDY，SEDZ"栏后面依次输入"0，1，0"单击"OK"按钮。

4）定义反应谱分析频率表

依次单击"Main Menu＞Solution＞Load Step Opts＞Spectrum＞Single Point＞

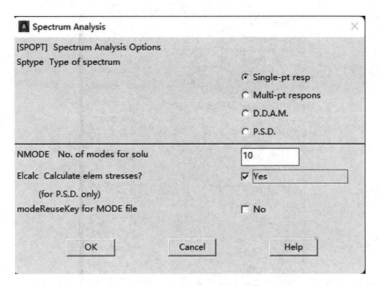

图 3.32 设置选项对话框

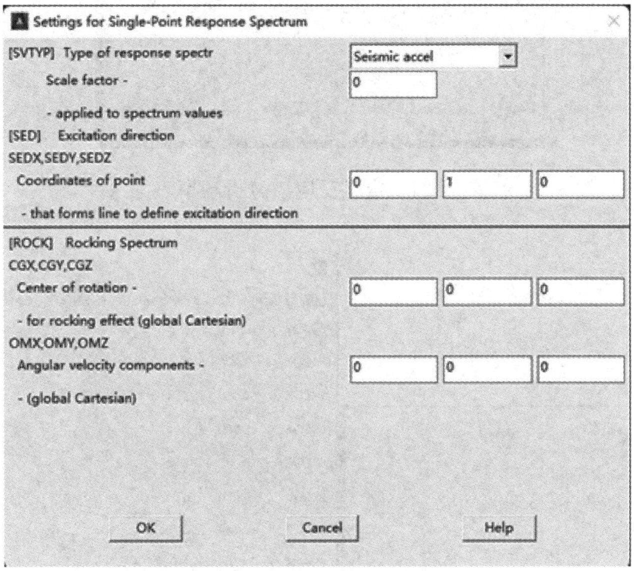

图 3.33 单点分析对话框

Freq Table"菜单命令,弹出一个"Frequency Table"对话框,如图 3.34 所示。

5）定义反应谱值

依次单击"Main Menu > Solution > Load Step Opts > Spectrum > Single Point > Spectr Values"菜单命令,弹出一个"Spectrum Values-Damping Ratio"对话框,在输入框中输入"0.05",单击"OK",按弹出反应谱值,输入对话框值,操作步骤如图 3.35 所示。

6）反应谱分析求解

依次单击"Main Menu >Solution >Solve >Current LS"菜单命令弹出一个模态求解选项信息和一个当前求解荷载步对话框,检查信息无错误后,单击"OK"按钮,开始

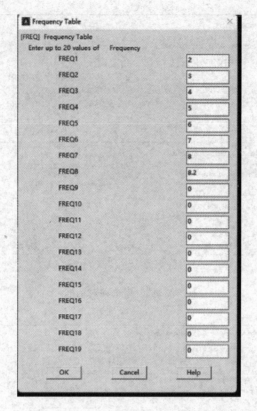

图 3.34　定义反应谱分析频率表

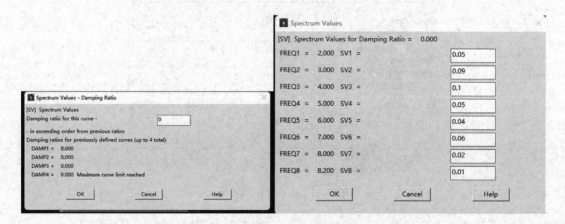

图 3.35　定义反应谱值

求解运算，直到出现一个"Solution is done"的提示栏表示求解结束。

3. 模态扩展与合并

1）设置分析类型

依次单击"Main Menu＞Solution＞Analysis Type＞New Analysis"菜单命令，弹出一个"New Analysis"对话框，在"Type of Analysis"栏后面选中"Modal"单击"OK"按钮。

2) 设置模态扩展分析求解选项

依次单击"Main Menu＞Solution＞Analysis Type＞Expansion Pass"菜单命令，弹出一个"Expansion Pass"对话框，如图 3.36 所示。选中"Expansion Pass"选项后面的文字由"Off"变为"On"，单击"OK"按钮关闭窗口。

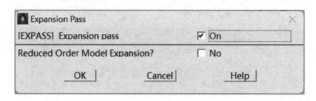

图 3.36　定义模态扩展分析

依次单击"Main Menu＞Solution＞Load Step Opts＞Expansion Pass＞Single Expand＞Expand Modes"菜单命令，弹出一个"Expand Modes"对话框，如图 3.37 所示，在"No. of modes to expand"栏后面输入"10"，其他输入设置采用程序默认值，单击"OK"按钮，完成模态扩展设置。

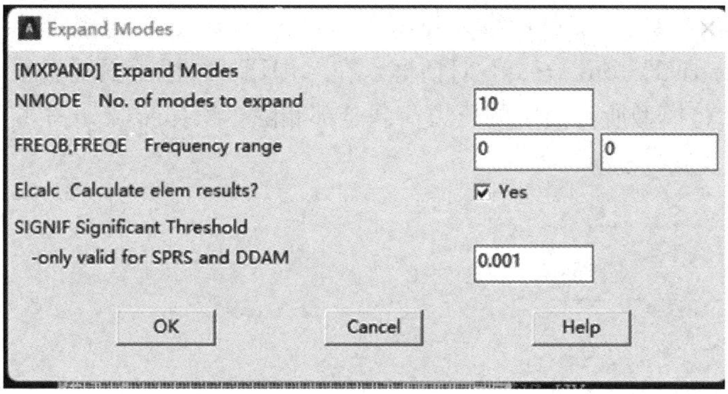

图 3.37　模态扩展分析设置对话框

3) 模态扩展分析求解

依次单击"Main Menu＞Solution＞Solve＞Current Ls"菜单命令，弹出一个模态求解选项信息和一个当前求解荷载步对话框，检查信息无错误后，单击"OK"按钮开始求解运算，直到出现一个"Solution is done"的提示栏表示求解结束。

4) 设置分析型

依次单击"Main Menu＞Solution＞Analysis Type＞New Analysis"菜单命令，弹出一个"New Analysis"对话框，在"Type of analysis"栏后面选中"Spectrum"，单击"OK"按钮。

5) 按平方和方根法进行组合

依次单击"Main Menu＞Solution＞Load Step Opts＞Spectrum＞Single Point＞Mode Combine"菜单命令，弹出一个"Mode Combination Methods"对话框，在"Mode Combination Method"栏后面下拉菜单中选取"SRSS"，弹出"SRSS Mode Combination"对话框，如图 3.38 所示，在"Significant threshold"栏后面输入"0.001"，在"Type of output"栏后面下拉菜单中选取"Acceleration"，单击"OK"按钮完成设置。

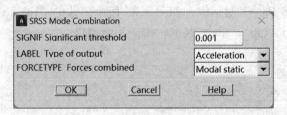

图 3.38 合并模态求解设置对话框

6）合并模态分析求解

依次单击"Main Menu>Solution>Solve>Current Ls"菜单命令，弹出一个模态求解选项信息和一个当前求解荷载步对话框，检查信息无错误后，单击"OK"按钮，开始求解运算，直到出现一个"Solution is done"的提示栏，表示求解结束。

4. 时程分析

1）时程分析之前将模型中的所有荷载删除

依次单击"Main Menu >Preprocessor Loads >Define Loads > Delete > Structural > Pressure > on Areas"菜单命令，弹出"Delete pressure"对话框，单击"Pick All"按钮弹出"Delete PRES on Areas"对话框，在"LKEY"栏后面输入框中输入"1"，单击"OK"按钮，将模型所有面上的压力荷载全部删除。操作步骤如图 3.39 所示。

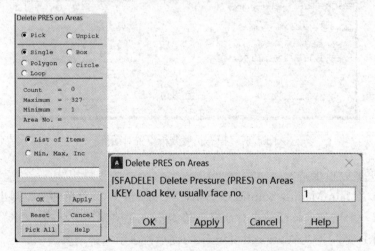

图 3.39 删除模型荷载

2）时程分析命令流

提取地震波数据：（将地震波数据文件另存为"shichengdz.txt"放在 ANSYS 工作目录下）进行时程分析。接下来用 APDL 进行输入：

```
FINISH
/PREP7
*DIM,shichengdz,table,51,1,1,time,accel
```

```
*TREAD,shichengdz,shichengdz,txt,,
FINISH
/SOLU
ANTYPE,TRANS
TRNOPT,FULL
LUMPM,0
DELTIM,0.02,0,0
OUTRES,ERASE
OUTRES,ALL,ALL
KBC,0
TIME,1
btime=0
etime=1
*DO,itime,btime,etime,0.02,
time,itime
acel,shichengdz(itime,1)
*ENDDO
SOLVE
```

3.3.7 静力求解结果

1. 坝体在静力作用下的变形图

依次单击 "Main Menu>General Postproc >Plot Results>Deformed Shape" 菜单命令，弹出结构的变形对话框，如图3.40所示，选中 "Def+undeformed" 选项单击 "OK" 按钮得到第一次计算的坝体变形图，如图3.41所示。

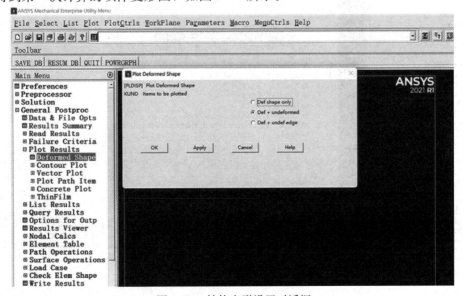

图3.40 结构变形设置对话框

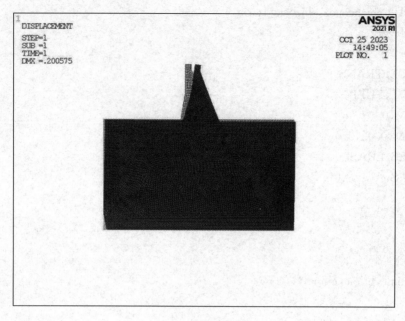

图 3.41 坝体变形图

2. 坝体 X 方向变形云图

依次单击"Main Menu＞General Postproc＞Plot Results＞Contour Plot＞Nodal Solu"菜单命令弹出一个"Contour Nodal Solution Data"对话框,如图 3.42 所示,用鼠标依次点击"Nodal Solution/Dof Solution/X-Component of displacement",再单击"OK"按钮,就得到坝体 X 方向位移云图,如图 3.43 所示。

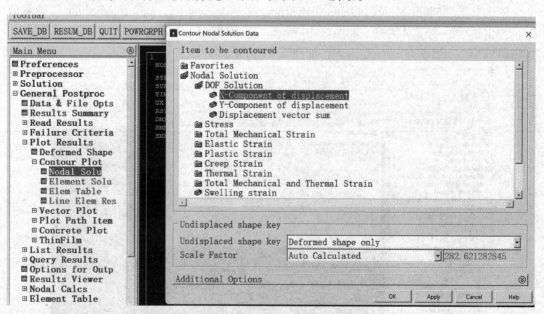

图 3.42 X 方向位移云图设置对话框

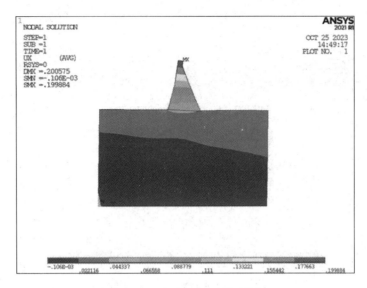

图 3.43 坝体 X 方向变形图

同样的操作步骤,得到坝体 Y 方向的变形图(如图 3.44 所示)。

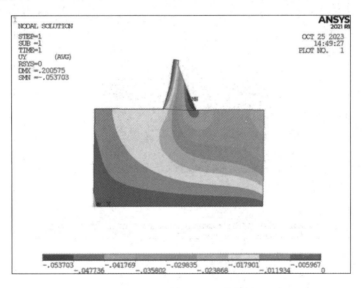

图 3.44 坝体 Y 方向变形图

3. 显示坝体 X 方向应力云图

依次单击"Main Menu >General Postproc > Plot Results > Contour Plot >Nodal Solu"菜单命令,弹出一个"Contour Nodal Solution Data"对话框,用鼠标依次点击"Nodal Solution/Stress/X-Componentof stress",再单击"OK"按钮得到坝体 X 方向应力云图,如图 3.45 所示。

同样的操作步骤,得到坝体 Y 方向的应力图和坝体的第一主应力图和第三主应力图(图 3.46~图 3.48)。

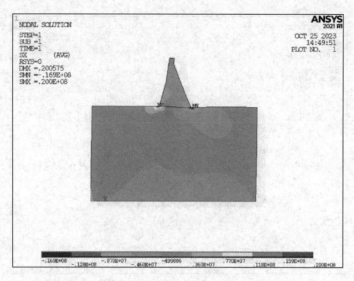

图 3.45　坝体 X 方向应力云图

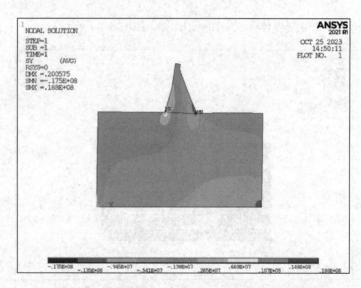

图 3.46　Y 方向应力图

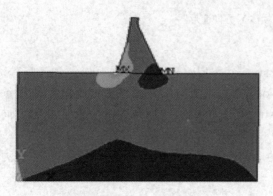　　　　　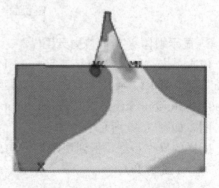

图 3.47　第一主应力图　　　　　图 3.48　第三主应力图

3.3.8 动力分析结果

1. 调出模态分析各阶频率

依次单击"Main Menu＞General Postproc＞Results Summary"菜单命令，弹出如图 3.49 所示对话框。可以看到坝体前 10 阶自振频率。

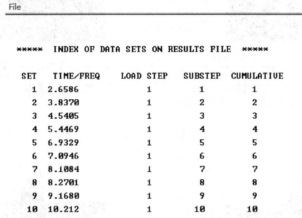

图 3.49　模态分析各阶频率

2. 绘制坝体振型

依次单击"Main Menu＞General Postproc＞Read Results＞First set"菜单命令再依次单击"Main Menu＞General Postproc＞Plot Results＞Deformed Shape"菜单命令，弹出一个"Plot Deform Shape"对话框，选中"Def＋undeformed"单击"OK"按钮得到坝体第 1 阶振型，如图 3.50 所示。

依次重复执行上述步骤，就可以依次画出坝体第 2～10 阶振型，本次仅显示第 1～6 阶主要振型图如图 3.50～图 3.55 所示。

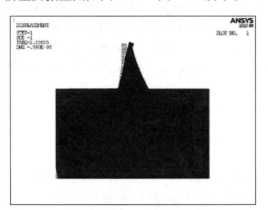

图 3.50　坝体第 1 阶振型

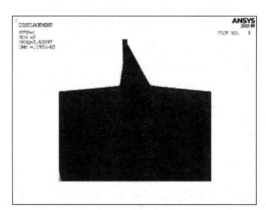

图 3.51　坝体第 2 阶振型

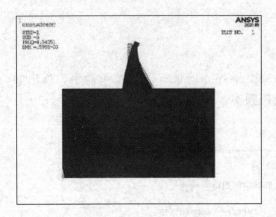

图 3.52 坝体第 3 阶振型

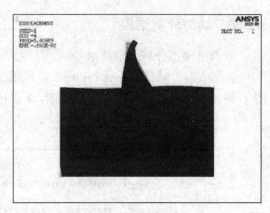

图 3.53 坝体第 4 阶振型

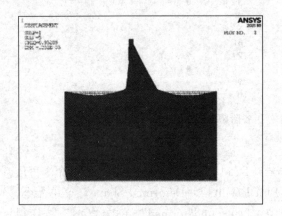

图 3.54 坝体第 5 阶振型

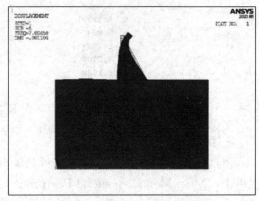

图 3.55 坝体第 6 阶振型

3. 绘制输入地震作用求解后坝体位移云图

依次单击"Main Menu＞General Postproc＞Read Results＞First set"菜单命令，读入坝体第 1 阶振型计算结果。依次单击"Main Menu＞General Postproc＞Plot Results＞Contour Plot＞Nodal Solu"菜单命令弹出一个"Contour Nodal Solution Data"对话框，用鼠标依次点击"Nodal Solution/Dof Solution/ X-Component of displacement"菜单命令，得到坝体第 1 阶 X 方向位移云图，操作步骤及结果如图 3.56、图 3.57 所示。

同样的操作步骤选择 Y-Component of displacement 得到坝体第 1 阶 Y 方向位移云图，如图 3.58 所示。

4. 绘制坝体应力/应变云图

依次单击"Main Menu＞General Postproc＞Read Results＞First set"读入坝体动力反应的第 1 阶数据。再依次单击"Main Menu＞General Postproc＞Plot Results＞Contour Plot＞Nodal Solu"菜单，弹出一个"Contour Nodal Solution Data"对话框用鼠标依次点击"Nodal Solution/Stress/X-Component of stress"得到坝体第 1 阶 X 方向应力云图，如图 3.59 所示。同样的操作步骤，依次选择 Y-Component of stress，Z-Component of stress 得到坝体第 1 阶 Y 方向的应力云图如图 3.60 所示。

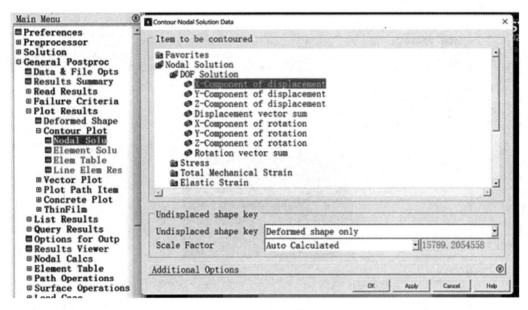

图 3.56　求解坝体 X 方向位移云图

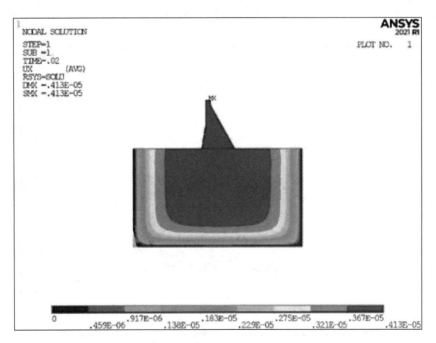

图 3.57　坝体第 1 阶 X 方向位移云图

由模拟结果可以看出：

（1）坝体大部分处于受压状态，坝段应力集中部位主要为上游坝踵处的拉应力集中和下游坝趾处的压应力集中。坝体在不同工况的静力作用下的压应力均小于坝体混凝土材料的抗压强度，位移情况与实际位移情况较为相符。

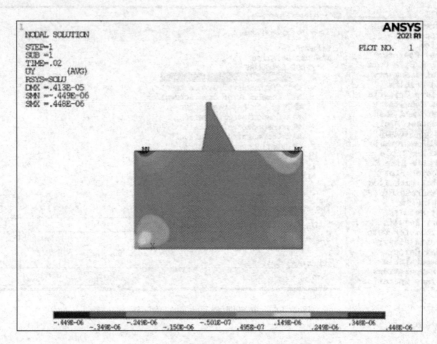

图 3.58　坝体第 1 阶 Y 方向位移云图

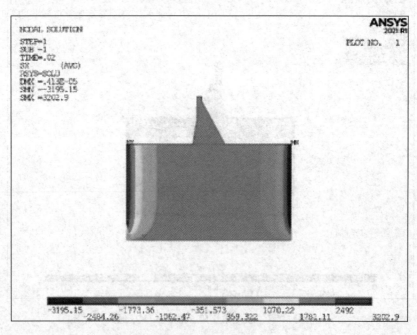

图 3.59　坝体第 1 阶 X 方向应力云图

(2) 坝体在地震作用下主要在水平方向产生较大的位移,对坝体由下到上不同节点的位移时程图的分析,位移值从下到上增大,坝顶处位移达到最大值,最大应力值出现在坝踵处,小于混凝土的动态抗拉强度值,在坝踵和坝趾处出现应力集中现象。

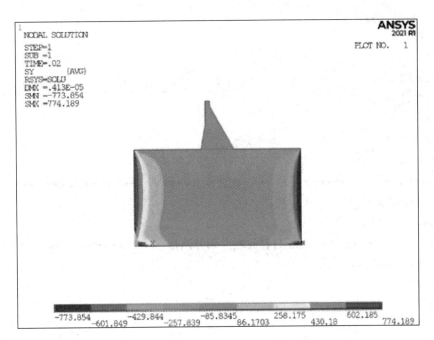

图 3.60 坝体第 1 阶 Y 分向应力云图

3.4 命令流

```
FINISH
/clear
/prep7
!! ********************材料参数赋值********************
ET,1,PLANE182
!! ********************定义地基材料********************
/PREP7
ET,1,PLANE182
KEYOPT,1,3,2
MP,EX,1,21E9
MP,PRXY,1,0.2
MP,DENS,1,2600
MP,EX,2,21E9
MP,PRXY,2,0.167
MP,DENS,2,2400
CSYS,4
!! ************************创建点************************
k,1,0,0
k,2,200,0
```

```
k,3,141.67,200
k,4,150,250
k,5,150,300
k,6,160,300
k,7,160,290
k,8,210,200
k,9,350,200
k,10,350,0
!! ************************ 创建面 *****************************
A,1,2,3,8,9,10
A,3,4,5,6,7,8
!! ****************** 赋予材料属性并划分网格 *********************
LESIZE,ALL,3,,,,,,1
TYPE,1
MAT,1
AMESH,1
TYPE,1
MAT,2
AMESH,2
!! ************************ 施加约束 ****************************
/SOL
ANTYPE,0
PSTRES,1
DL,6,,ALL
!! ************************ 求解 ********************************
!! ******************* 施加上游面静水压力 ***********************
LSEL,S,,,7
LSEL,A,,,8
NSLL,S
NSEL,R,LOC,Y,0,290
SFGRAD,PRES,,Y,290,-98000,
SF,ALL,PRES,0
ALLSEL
!! ******************* 施加下游面静水压力 ***********************
LSEL,S,,,11
NSLL,S
NSEL,R,LOC,Y,0,225
SFGRAD,PRES,,Y,225,-98000,
SF,ALL,PRES,0
ALLSEL
```

!! ********************施加扬压力********************************
SFGRAD,PRES, ,X,68.33,(245000－882000)/68.33
LPLOT
FLST,2,1,4,ORDE,1
FITEM,2,3
SFL,P51X,PRES,882000,245000
SFTRAN
NPLOT
!! ********************施加重力*********************************
ALLSEL
TIME,1
ACEL,,9.81
SOLVE
FINISH
!! ********************动力分析*********************************
!! ********************施加约束*********************************
/SOL
ANTYPE,0
PSTRES,1
DL,1,,ALL
DL,5,,ALL
DL,6,,ALL
!! ********************模态分析*********************************
FINISH
/SOL
ANTYPE,2
MODOPT,LANB,10,0,0,,OFF
MXPAND,10,,,1
SOLVE
FINISH
/POST1
SET,LIST
PLNSOL,U,SUM,0,1.0
SET,,2
PLDISP,2
FINISH
!! ********************反应谱分析*******************************
FINISH
/SOL
ANTYPE,8

```
SPOPT,SPRS,10,1,0
SVTYPE,2,0
SED,0,1,0
FREQ,2,3,4,5,5.5,6,6.5,7,8
SV,0,0.05,0.08,0.1,0.05,0.08,0.07,0.09,0.05,0.02,
SOLVE
FINISH
```
!! ************************模态拓展*******************************
```
ANTYPE,2
EXPASS,1
MXPAND,10,0,0,1,0.001,
/STATUS,SOLU
SOLVE
FINISH
/SOL
```
!! ************************模态合并*******************************
```
ANTYPE,8
SRSS,0,DISP
SOLVE
FINISH
/POST1
/input,'hh','mcom',,,0
/EFACET,1
PLNSOL, U,SUM, 0,1.0
```
!! ***************************时程分析***************************
```
FINISH
/PREP7
*DIM,shichengdz,table,51,1,1,time,accel
*TREAD,shichengdz,shichengdz,txt,,
FINISH
/SOLU
ANTYPE,TRANS
TRNOPT,FULL
LUMPM,0
DELTIM,0.02,0,0
OUTRES,ERASE
OUTRES,ALL,ALL
KBC,0
TIME,1
btime=0
```

etime=1
*DO,itime,btime,etime,0.02,
time,itime
acel,shichengdz(itime,1)
*ENDDO
SOLVE

4 拱坝静动力分析

4.1 概述

随着国民经济的发展和国家的西部大开发规划的进程，我国在西南、西北地区已在建和即将兴建一批混凝土拱坝，而这些拱坝多处于强地震活动区[81]。拱坝是一种固接于基岩的高次超静定空间壳体结构，坝体所承受的荷载一部分通过拱的作用传到两岸山体岩石，另一部分通过竖直梁的作用传到坝底基岩[82]。坝体的稳定主要依靠两岸拱端的反力作用来维持，稳定性较好。工程实践证明，拱坝的抗震性能较高[83]。但是大坝在温度作用、高库水压力和强地震等复杂荷载作用下，坝体最大静、动应力有可能达到或超过坝体材料的承载能力，引起坝体产生新的裂缝、使旧的裂缝加重、坝基渗水增大、坝基开裂、坝肩坍塌等局部破坏，从而影响到大坝整体安全性。

据资料记载，自 20 世纪 20 年代以来，我国发生 7 级以上的强震占全球比例超过十分之一，特别是在近 20 年里，全世界已发生的 30 余起破坏性较大的地震中，我国就占了近三分之一。自 1986 年以来，大陆进入了第 5 个地震高潮期[84-87]。我国在拱坝工程的设计中，越来越重视大坝的抗震安全性设计。研究拱坝在库水压力等复杂荷载作用下的受力特性及在强地震作用下的动力响应规律对于拱坝设计工作具有重要的参考价值。

4.2 计算原理

拱坝是在平面上凸向上游的拱形挡水建筑，空间上属于高次超静定的整体性壳体结构。拱坝的坝体与坝基材料、几何形状和边界条件等有着高度的非线性特点，在工程计算中，通过一定假定和简化，应用拱坝计算理论方法求解坝体复杂应力状态，以满足工程需要。坝体应力分析方法主要有以下三类[88]：第一类是以结构力学假定为基础的拱梁分载法（试载法）和其他一些方法，如圆筒法[89-90]、纯拱法[91-92]、拱梁分载法[93-95]；第二类是以弹性理论或板壳理论为基础的有限元法；第三类是结构模型试验法。我国在 20 世纪 70 年代以前，主要采用拱冠梁法，20 世纪 70 年代以后，逐渐采用多拱梁法和有限元法。20 世纪 70 年代中期以后，有限元方法在我国拱坝应力分析中得到广泛应用[96]。

拱坝的静动力分析方法与重力坝相似，静力分析均是通过施加基本荷载进行受力分析，但由于拱坝和重力坝坝型的不同，在计算时考虑的因素有所差别。拱坝通常是曲线形状的坝，其主要特点是拱形结构。在拱坝的静动力分析中，需要考虑拱体的形状、横截面、弧度等特殊几何特性。拱坝的稳定性主要依赖于其弧形结构和弯曲刚度。拱坝在静动力分析中需要考虑多种荷载类型，如地震作用、风荷载以及可能的水压力。这些荷载通常是动态的，并且可以随时间变化。动力分析时，拱坝通常需要进行动态分析，例如模态分析、时程分析，以考虑结构的振动响应和模态形状。

4.3 拱坝静动力算例分析

4.3.1 基本情况

某砌石拱坝位于 U 形河谷中，坝高 55.5m，为单曲等厚拱坝，顶宽 5m，底宽 16m，坝顶弧长 115.65m，弧高比 2.1，坝体详细参数见表 4.1。上游水位 53m，下游水位 0m，泥沙淤积水位 38m。淤积泥沙浮重度 0.6kN/m³，淤积泥沙内摩擦角 16°。

砌石拱坝坝体参数　　　　　　　　　　　　　　　　　　　　　　表 4.1

拱层	圆弧中心角（°）		拱厚 (m)	拱圈高程 (m)	上游温度 (℃)	下游温度 (℃)
	圆弧左中心角	圆弧右中心角				
8	−47.72	49.73	5.00	55.5	−8.84	−8.84
7	−46.36	47.13	6.68	47	−7.30	−8.21
6	−45.06	44.68	8.27	39	−5.66	−7.36
5	−43.36	41.57	10.25	29	−4.94	−6.32
4	−41.88	40.44	11.24	24	−4.99	−5.86
3	−40.38	39.29	12.23	19	−5.17	−5.45
2	−37.32	36.92	14.22	9	−5.73	−4.72
1	−34.48	35.72	16.00	0	−6.25	−6.71

砌石拱坝坝体与坝基材料参数见表 4.2。

砌石拱坝坝体与坝基材料参数　　　　　　　　　　　　　　　　　表 4.2

材料参数	弹性模量（GPa）	泊松比	重度（kN/m³）	热膨胀系数	参考温度（℃）
坝体	10	0.25	23	$7×10^{-7}$	0
坝基	8	0.21	0.6	0.0	0

地震波数据见表 4.3。

地震波数据　　　　　　　　　　　　　　　　　　　　　　　　　表 4.3

时间 (s)	加速度数值 (X 方向)	时间 (s)	加速度数值 (X 方向)	时间 (s)	加速度数值 (X 方向)	时间 (s)	加速度数值 (X 方向)
0.00	−0.022812	0.26	−4.554600	0.52	8.846400	0.78	8.634600
0.02	−1.771900	0.28	−6.022000	0.54	8.888200	0.80	6.215600
0.04	−2.481000	0.30	−0.100786	0.56	−1.819100	0.82	−2.590000
0.06	−5.733800	0.32	−2.255600	0.58	−7.725800	0.84	−2.479800
0.08	−7.788600	0.34	−9.785400	0.60	0.228160	0.86	−5.596600
0.10	−3.919600	0.36	−13.032200	0.62	3.794800	0.88	−9.113200
0.12	−4.705400	0.38	−4.530600	0.64	−11.66580	0.90	−3.984200
0.14	−0.497680	0.40	6.038600	0.66	−10.30980	0.92	−0.639160
0.16	−1.811660	0.42	2.320200	0.68	−6.304200	0.94	1.966460
0.18	−2.206000	0.44	−6.164400	0.70	−0.094428	0.96	6.078400
0.20	3.674400	0.46	−8.653000	0.72	−5.195600	0.98	3.178600
0.22	1.820040	0.48	−4.816600	0.74	−3.394600	1.00	−2.043400
0.24	−0.370500	0.50	1.559100	0.76	3.345800		

73

4.3.2 创建物理环境

(1) 在"开始"菜单中依次执行"所有应用＞ANSYS 2021 R1＞Mechanical APDL Product Launcher 2021 R1"菜单命令,打开"Mechanical APDL Product Launcher 2021 R1"对话框,见图4.1。

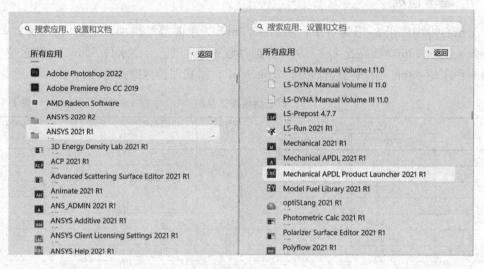

图4.1 打开软件

(2) 弹出图4.2所示对话框,在"Working Directory"中,定义工作路径与文件目录。在"Job Name"对话框中输入"ARCHDAM",默认状态。

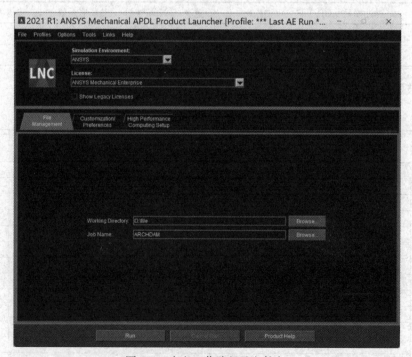

图4.2 定义工作路径及文件名

（3）单击"Run"按钮进入 ANSYS 2021 R1 的 GUI 操作界面。

（4）修改文件名：依次点击"File＞Change Jobname"命令，弹出"Change Jobname"窗口，按图 4.3 输入参数，点击"OK"按钮，如图 4.3 所示。

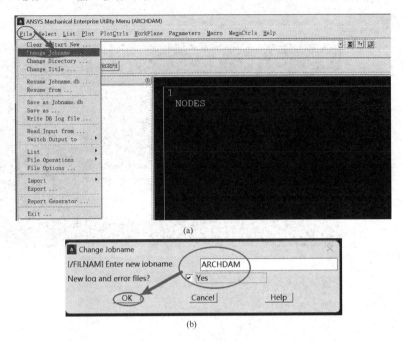

图 4.3 修改文件名

（5）修改工作标题名：依次点击"File＞Change Title"命令，弹出"Change Title"窗口，按图 4.4 输入参数，点击"OK"按钮，如图 4.4 所示。

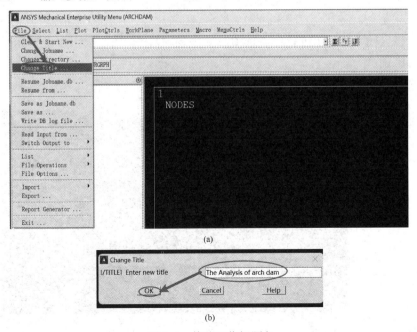

图 4.4 修改工作标题名

(6) 调整窗口（默认是 1）的观察方向：右击工作面板上的坐标系，单击 "Viewing Direction>Viewing Direction"，打开 "Viewing Direction" 面板，按图 4.5 设置参数，点击 "OK" 按钮。

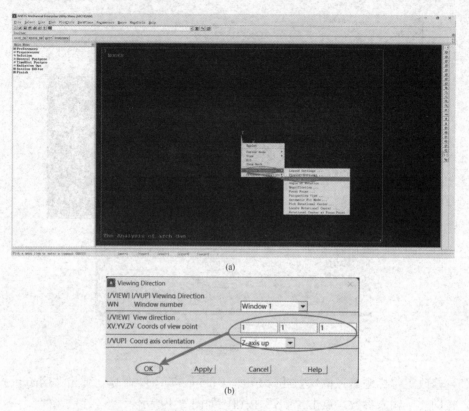

图 4.5 调整窗口观察方向

(7) 调整坐标系的显示位置：通过图 4.6 中的 " " 按钮，将坐标系位置调整到左下角的位置。

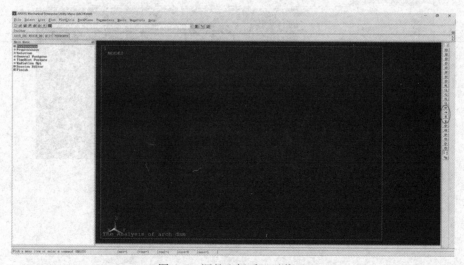

图 4.6 调整坐标系显示位置

4.3.3 建立模型

（1）生成关键点。单击"Main Menu＞Preprocessor＞Modeling＞Create＞Keypoints＞In Active CS"菜单命令，打开"Create Keypoints In Active Coordinate System"对话框。在"NPT Keypoint number"后面的输入框中输入"1"，在"X Y Location in active CS"后面的输入框中输入"0，0，0"单击"Apply"按钮，这样就创建了关键点1。再依次重复在"NPT Keypoint number"后面的输入框中输入关键点坐标，如图4.7所示。

（2）生成拱圈线。依次单击"Main Menu＞Preprocessor＞Modeling＞Create＞Arcs＞Through 3 KPs"菜单命令，打开"Through 3 KPs"对话框，用鼠标依次单击关键点1，3，2，单击"Apply"按钮。生成拱圈线如图4.8所示。

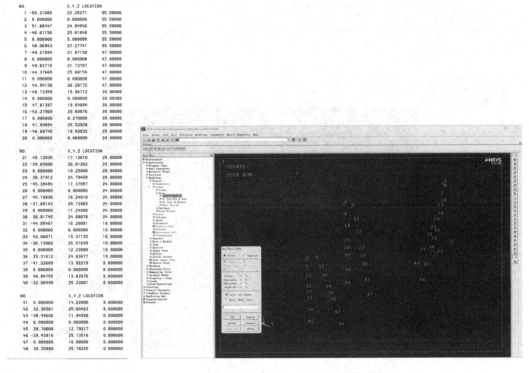

图4.7　模型关键点坐标　　　　图4.8　生成拱圈线

创建拱圈线L1后，同样的操作步骤分别连接：

L,4,5,6

L,7,8,9

L,10,11,12

…………

L,46,47,48

依次单击"Main Menu＞Preprocessor＞Modeling＞Create＞Lines＞Straight lines"菜单命令，打开"Create Straight Lines"对话框，用鼠标依次单击关键点1、4，

单击"Apply"按钮,这样就创建了直线 L17,同样的操作步骤分别连接:

L,7,10
L,13,16(递加 6,6)
……
L,43,46

与上述同样的步骤分别连接:

L,3,6
L,9,12(递加 6,6)
……
L,45,48

形成线模型如图 4.9 所示。

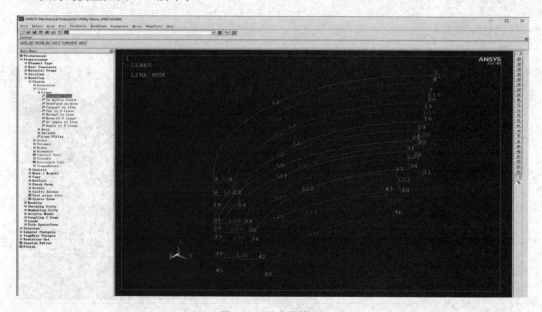

图 4.9 形成线模型

(3) 生成上游面与下游面。依次单击"Main Menu＞Preprocessor＞Modeling＞Create＞Areas＞Arbitrary＞By Skinning",弹出"Create Area/Skinning"窗口,选择 L1、L3、L5、L7、L9、L11、L13、L15,单击"Apply"按钮,生成上游面;同样的操作,选择 L2、L4、L6、L8、L10、L12、L14、L16,生成下游面,最后点击"OK"按钮(图 4.10)。

(4) 生成侧面。依次单击"Main Menu＞Preprocessor＞Modeling＞Create＞Areas＞Arbitrary＞By Skinning",弹出"Create Area/Skinning"窗口,选择 L17、L18、L19、L20、L21、L22、L23、L24,单击"Apply"按钮;选择 L25、L26、L27、L28、L29、L30、L31、L32,单击"Apply"按钮,最后点击"OK"按钮。

依次单击"Main Menu＞Preprocessor＞Modeling＞Create＞Areas＞Arbitrary＞By Lines",

4 拱坝静动力分析

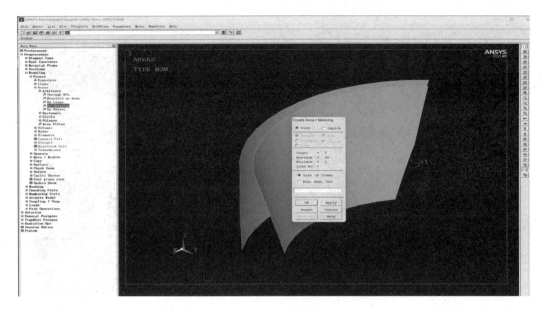

图 4.10 生成上游面与下游面

弹出"Create Area by Lines"窗口，选择 L1、L17、L2、L25，单击"Apply"按钮；选择 L15、L24、L16、L32，单击"Apply"按钮，最后点击"OK"按钮（图 4.11）。

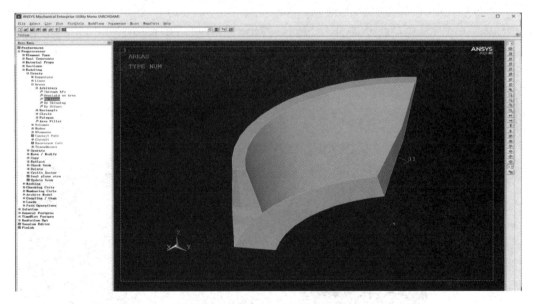

图 4.11 生成侧面

(5) 生成体。依次单击"Main Menu＞Preprocessor＞Modeling＞Create＞Volumes＞Arbitrary＞By Areas"，弹出"Create Volume by Areas"窗口，选择 A1、A2、A3、A4、A5，单击"Apply"按钮，最后点击"OK"按钮（图 4.12）。

(6) 拉伸坝体侧面、底面。依次单击"Main Menu＞Preprocessor＞Modeling＞Operate＞Extrude＞Areas＞By XYZ Offset"，弹出"Extrude Area by Offset"窗口，选择 A4

79

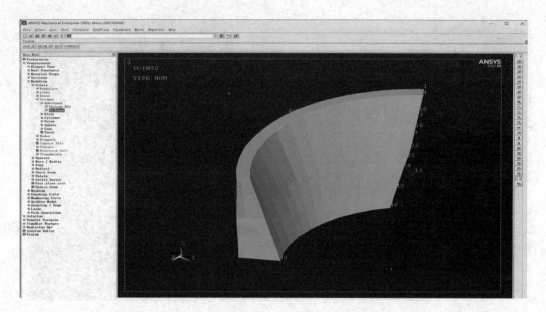

图 4.12 生成体

面,点击"OK"按钮。弹出"Extrude Areas by XYZ Offset"窗口,点击"OK"按钮。

依次单击"Main Menu>Preprocessor>Modeling>Operate>Extrude>Areas>By XYZ Offset",弹出"Extrude Area by Offset"窗口,在"Min, Max, Inc"下面的输入框中输入"6,9,14",点击"OK"按钮。弹出"Extrude Areas by XYZ Offset"窗口,在"DXDY.DZ Offsets for extrusion"依次输入"0,0,-50",点击"OK"按钮。坝体侧面如图 4.13 所示。

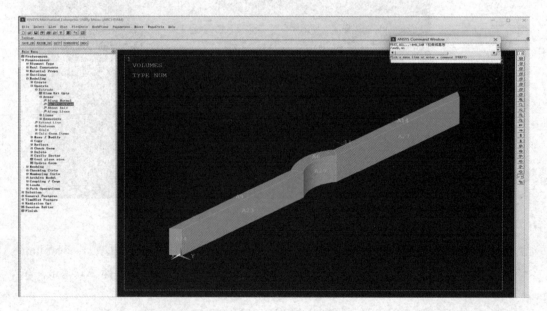

图 4.13 形成坝体侧面

依次单击"Main Menu>Preprocessor>Modeling>Operate>Extrude>Areas>By XYZ Offset",弹出"Extrude Area by Offset"窗口,在"Min,Max,Inc"下面的输入框中输入"10,15,20,23,27",点击"OK"按钮。弹出"Extrude Areas by XYZ Offset"窗口,在"DX,DY,DZ Offsets for extrusion"依次输入"0,222,0",点击"OK"按钮。

依次单击"Main Menu>Preprocessor>Modeling>Operate>Extrude>Areas>By XYZ Offset",弹出"Extrude Area by Offset"窗口,在"Min,Max,Inc"下面的输入框中输入"8,13,18,25,29",点击"OK"按钮。弹出"Extrude Areas by XYZ Offset"窗口,在"DX,DY,DZ Offsets for extrusion"依次输入"0,−222,0",点击"OK"按钮。坝体底面如图 4.14 所示。

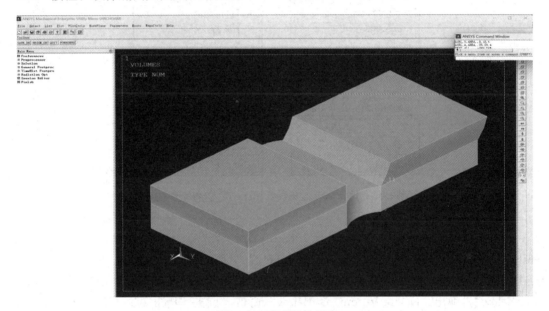

图 4.14　形成坝体底面

(7) 进行切割,生成坝基。旋转工作平面:依次单击"Utility Menu>WorkPlane>Offset WP by Increments",弹出"Offset WP"窗口,在"XY,YZ,ZX Angles"下面的输入框中输入"0,0,90",在"X,Y,Z Offsets"下面的输入框中输入"0,0,80",点击"OK"按钮。

切分体:依次单击"Main Menu> Preprocessor >Modeling >Operate>Booleans > Divide > Volu by WrkPlane"菜单命令弹出"Divide Volume"对话框,单击"Pick All"按钮。

选择体:依次单击"Utility Menu>Select>Entities",弹出"Select Entities"窗口输入图 4.15 参数设置,点击"OK"按钮。

删除体:依次点击"Main Menu>Preprocessor>Modeling>Delete>Volume and Below",弹出"Delete Volume & Below"窗口,点击"Pick All"。

选择全部体:依次单击"Utility Menu>Select>Entities",弹出"Select Entities"窗口,点击"Sele All",最后点击"OK"(图 4.16)。

图 4.15 选择体设置　　图 4.16 选择全部体设置

偏移工作平面：依次单击"Utility Menu＞WorkPlane＞Offset WP by Increments"，弹出"Offset WP"窗口，在"X，Y，Z Offsets"下面的输入框中输入"0，0，－190"，点击"OK"按钮。依次点击"Main Menu＞Preprocessor＞Modeling＞Delete＞Volume and Below"，弹出"Delete Volume & Below"窗口，点击"Pick All"。删除体模型结果如图 4.17 所示。

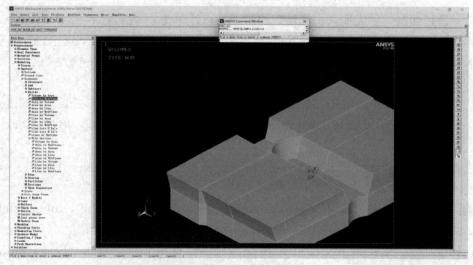

图 4.17 删除体模型

选择面：依次单击"Utility Menu＞Select＞Entities"，弹出"Select Entities"窗口输入如图4.18所示参数设置，点击"OK"按钮。

定义工作平面位置：依次点击"Utility Menu＞WorkPlane＞Align WP with＞Active Coord Sys"

旋转工作平面：依次单击"Utility Menu＞WorkPlane＞Offset WP by Increments"，弹出"Offset WP"窗口，在"XY，YZ，ZX Angles"下面的输入框中输入"0，0，90"，在"X，Y，Z Offsets"下面的输入框中输入"0，0，100"，点击"OK"按钮。

依次单击"Utility Menu＞Select＞Entities"，弹出"Select Entities"窗口输入如图4.19所示参数设置，点击"OK"按钮。

图4.18　选择面设置（一）　　图4.19　选择面设置（二）

依次点击"Main Menu＞Preprocessor＞Modeling＞Delete＞Volume and Below"，弹出"Delete Volume & Below"窗口，点击"Pick All"。

依次单击"Utility Menu＞Select＞Everything"。

依次单击"Utility Menu＞WorkPlane＞Offset WP by Increments"，弹出"Offset WP"窗口，在"X，Y，Z Offsets"下面的输入框中输入"0，0，－210"，点击"OK"按钮。

依次单击"Main Menu＞Preprocessor＞Modeling＞Operate＞Booleans＞Divide＞Volu by WorkPlane"菜单命令弹出"Divide Volume"对话框，单击"Pick All"按钮。

选择面：依次单击"Utility Menu＞Select＞Entities"，弹出"Select Entities"窗口输入下图参数设置，点击"OK"按钮。

依次点击"Main Menu＞Preprocessor＞Modeling＞Delete＞Volume and Below"，弹出"Delete Volume & Below"窗口，点击"Pick All"。依次点击"Utility Menu＞WorkPlane＞Align WP with＞Active Coord Sys"，依次单击"Utility Menu＞Select＞

Everything",整体模型如图 4.20 所示。

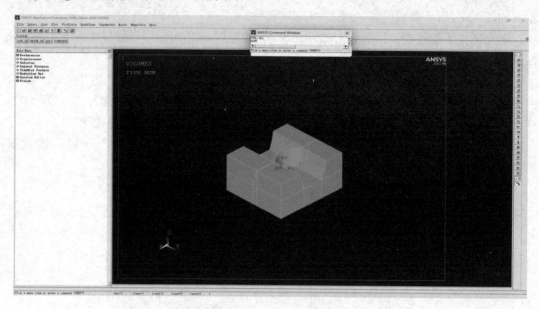

图 4.20 整体模型

(8) 用各控制高程切割整个模型：依次单击"Utility Menu＞WorkPlane＞ Offset WP by Increments"，弹出"Offset WP"窗口，在"X，Y，Z Offsets"下面的输入框中输入"0，0，9"，点击"OK"按钮。依次单击"Main Menu＞ Preprocessor ＞ Modeling ＞Operate＞Booleans ＞ Divide ＞ Volu by WorkPlane"菜单命令弹出"Divide Volume"对话框，单击"Pick All"按钮。重复上述过程，在"X，Y，Z Offsets"下面的输入框中分别输入"0，0，10"；"0，0，5"；"0，0，5"；"0，0，10"；"0，0，8"。切割后模型如图 4.21 所示。

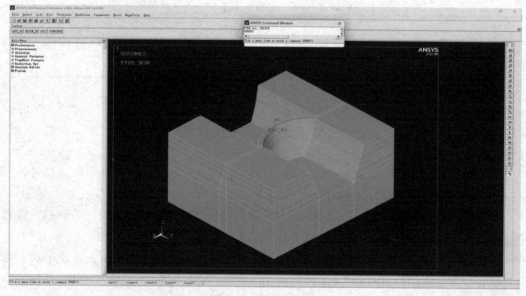

图 4.21 切割后模型

依次点击"Utility Menu＞WorkPlane＞Align WP with＞Active Coord Sys"。依次单击"Utility Menu＞Select＞Everything"。依次单击"Utility Menu＞WorkPlane＞Offset WP by Increments",弹出"Offset WP"窗口,在"XY,YZ,ZX Angles"下面的输入框中输入"0,0,90"。依次单击"Main Menu＞Preprocessor＞Modeling＞Operate＞Booleans＞Divide＞Volu by WorkPlane"菜单命令,弹出"Divide Volume"对话框,单击"Pick All"按钮。依次点击"Utility Menu＞WorkPlane＞Align WP with＞Active Coord Sys"。依次点击"Main Menu＞Preprocessor＞Numbering Ctrls＞Merge Items",参数设置如图4.22所示,点击"OK"按钮。

依次点击"Main Menu＞Preprocessor＞Numbering Ctrls＞Compress Numbers",参数设置如图4.23所示,点击"OK"按钮。依次单击"Utility Menu＞Select＞Entities",弹出"Select Entities"窗口输入如图4.23所示参数设置,点击"OK"按钮。

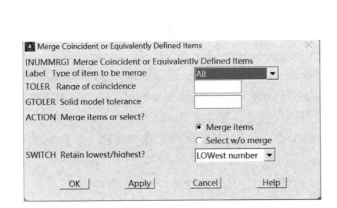

图4.22 合并实体

图4.23 选择面

依次单击"Utility Menu＞Select＞Entities",弹出"Select Entities"窗口输入图4.24所示参数设置,点击"OK"按钮。依次点击"Utility Menu＞Select＞Comp/Assembly＞Create Component",点击"OK"按钮。

依次单击"Utility Menu＞Select＞Entities",弹出"Select Entities"窗口,依次点击"Invert＞OK"选项。依次点击"Utility Menu＞Select＞Comp/Assembly＞Create Component",参数设置如图4.25所示,点击"OK"按钮。依次单击"Utility Menu＞

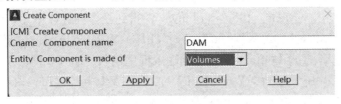

图4.24 单元设置

Select>Everything",切割后模型如图 4.25 所示。

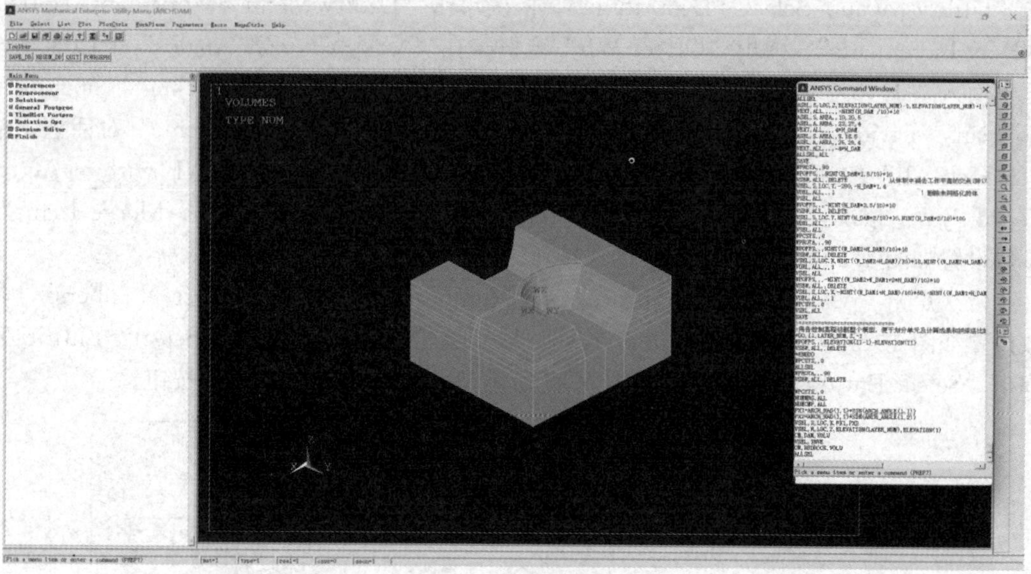

图 4.25 切割后模型

（9）生成溢流堰。依次点击"Utility Menu＞Select＞Comp/Assembly＞Select Comp/Assembly",弹出"Select Component or Assembly"窗口,依次点击"by component name＞OK"选项。弹出"Select Component or Assembly"窗口,点击"DAM"选项,点击"OK"按钮。依次单击"Utility Menu＞Select＞Entities",弹出"Select Entities"窗口输入参数设置,点击"OK"按钮。依次点击"Utility Menu＞PlotCtrls＞View Settings＞Viewing Direction",弹出"Viewing Direction"窗口,输入参数见图 4.26,点击"OK"按钮。

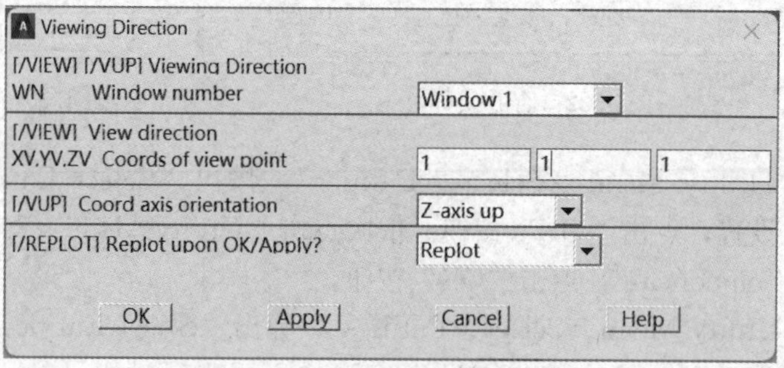

图 4.26 视图调整设置

依次点击"Utility Menu＞Plot＞Volumes",得到坝体部分体单元,如图 4.27 所示。
依次单击"Utility Menu＞WorkPlane＞Offset WP by Increments",弹出"Offset WP"窗口,在"X, Y, Z Offsets"下面的输入框中输入"0, 0, 55.5",点击"OK"按钮。依次单击"Utility Menu＞WorkPlane＞Offset WP by Increments",弹出"Offset WP"窗口,在"X, Y, Z Offsets"下面的输入框中输入"0, 0, 68",点击"OK"按

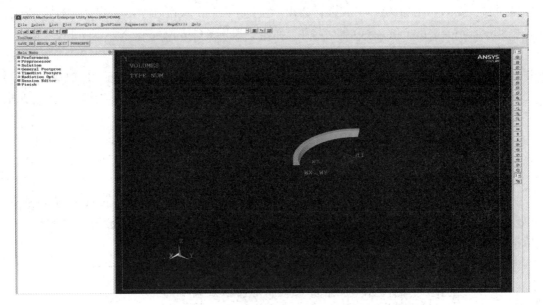

图 4.27 坝体部分体单元

钮。依次单击"Utility Menu>WorkPlane> Offset WP by Increments",弹出"Offset WP"窗口,在"XY,YZ,ZX Angles"下面的输入框中输入"0,0,90",点击"OK"按钮。依次点击"Utility Menu>Parameters>Angular Units",弹出"Angular Units for Parametric Functions"窗口,点击"OK"按钮。依次单击"Utility Menu>WorkPlane> Offset WP by Increments",弹出"Offset WP"窗口,在"XY,YZ,ZX Angles"下面的输入框中输入"0,0,-23.17108731",点击"OK"按钮。依次单击"Main Menu>Preprocessor>Modeling>Operate>Booleans>Divide> Volu by WorkPlane"菜单命令弹出"Divide Volume"对话框,单击"Pick All"按钮。依次单击"Utility Menu>WorkPlane> Offset WP by Increments",弹出"Offset WP"窗口,在"XY,YZ,ZX Angles"下面的输入框中输入"0,0,2.0103462482",点击"OK"按钮。依次单击"Main Menu>Preprocessor>Modeling>Operate>Booleans>Divide>Volu by WorkPlane"菜单命令弹出"Divide Volume"对话框,单击"Pick All"按钮。依次单击"Utility Menu>WorkPlane>Offset WP by Increments",弹出"Offset WP"窗口,在"XY,YZ,ZX Angles"下面的输入框中输入"0,0,6.740679943",点击"OK"按钮。依次单击"Main Menu>Preprocessor>Modeling>Operate>Booleans>Divide> Volu by WorkPlane"菜单命令弹出"Divide Volume"对话框,单击"Pick All"按钮,这样的操作重复5次。

依次单击"Utility Menu>WorkPlane> Offset WP by Increments",弹出"Offset WP"窗口,在"XY,YZ,ZX Angles"下面的输入框中输入"0,0,2.0103462482",点击"OK"按钮。依次单击"Main Menu> Preprocessor >Modeling>Operate>Booleans>Divide>Volu by WorkPlane"菜单命令弹出"Divide Volume"对话框,单击"Pick All"按钮。

依次点击"Utility Menu>File>Save as"。依次点击"Utility Menu>Select>Comp/

Assembly>Select Comp/Assembly",弹出"Select Component or Assembly"窗口,依次点击"by component name>OK"选项。弹出"Select Component or Assembly"窗口,点击"BEDROCK"选项,点击"OK"按钮。依次单击"Utility Menu>Select>Entities",弹出"Select Entities"窗口中,点击"Invert",点击"OK"按钮。依次单击"Utility Menu>Select>Entities",弹出"Select Entities"窗口输入下图参数设置,点击"OK"按钮。

依次点击"Utility Menu>WorkPlane>Local Coordinate Systems>Create Local CS>At Specified Loc",弹出"Create CS at Location"窗口,点击"OK"按钮。弹出"Create Local CS at Specified Location"窗口,点击"OK"按钮。

激活坐标系 11:依次点击"Utility Menu>WorkPlane>Change Active CS to>Specified Coord Sys",弹出"Change Active CS to Specified CS"窗口,参数设置见图 4.28,点击"OK"按钮。

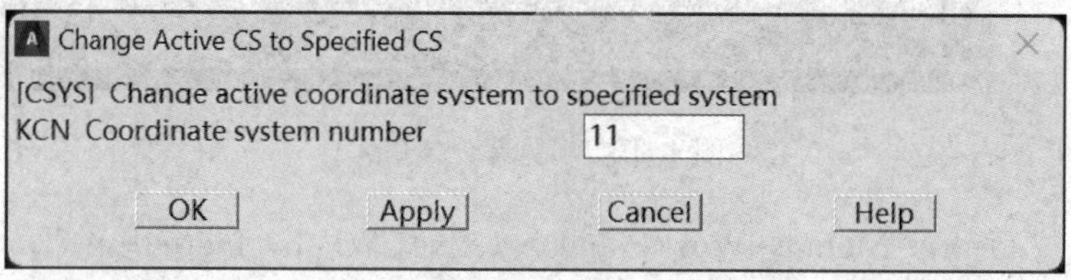

图 4.28 激活坐标系 11

依次单击"Utility Menu>Select>Entities",弹出"Select Entities"窗口输入图 4.29 参数设置,点击"OK"按钮。将几何图形项分组到一个组件中:依次点击"Utility Menu>Select>Comp/Assembly>Create Component",弹出"Create Component"窗口输入图 4.29 参数设置,点击"OK"按钮。

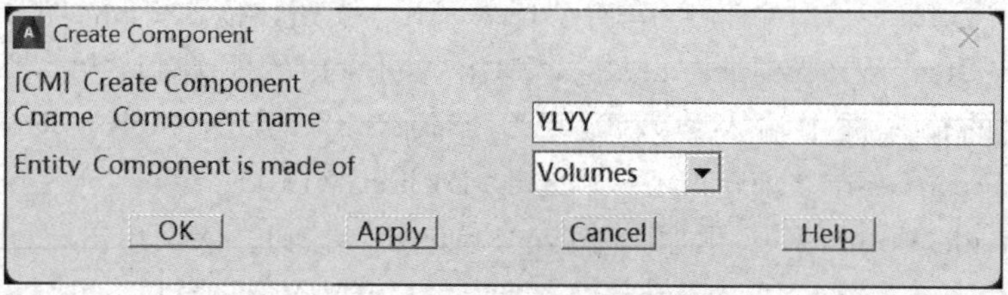

图 4.29 组件设置

选择组件和程序集的子集:依次点击"Utility Menu>Select>Comp/Assembly>Select Comp/Assembly",弹出"Select Component or Assembly"窗口,依次点击"by component name>OK"选项。弹出"Select Component or Assembly"窗口,点击"YLYY"选项,点击"OK"按钮。

选择体的子集:依次单击"Utility Menu>Select>Entities",弹出"Select Entities"窗口输入图 4.30 参数设置,点击"OK"按钮。

依次点击"Main Menu>Preprocessor>Modeling>Delete>Volume and Below",弹出"Delete Volume & Below"窗口,点击"Pick All"。重复"选择组件和程序集的子集"操作,在"Select Entities"窗口中"Min,Max"下的输入框输入"-12.218,-5.475",

"—3.370，3.371"，"5.476，12.218"，"14.323，21.065"。激活先前定义的坐标系：依次点击"Utility Menu＞WorkPlane＞Change Active CS to＞Global Cartesian"。选择组件和程序集的子集：依次点击"Utility Menu＞Select＞Comp/Assembly＞Select Comp/Assembly"，弹出"Select Component or Assembly"窗口，依次点击"by component name＞OK"选项。弹出"Select Component or Assembly"窗口，点击"BEDROCK"选项，点击"OK"按钮。

选择体的子集：依次单击"Utility Menu＞Select＞Entities"，弹出"Select Entities"窗口，点击"Invert＞OK"选项。将几何图形项分组到一个组件中：依次点击"Utility Menu＞Select＞Comp/Assembly＞Create Component"，点击"OK"按钮。

选择组件和程序集的子集：依次点击"Utility Menu＞Select＞Comp/Assembly＞Select Comp/Assembly"，弹出"Select Component or Assembly"窗口，依次点击"by component name＞OK"选项。弹出"Select Component or Assembly"窗口，点击"DAM"选项，点击"OK"按钮。依次单击"Utility Menu＞Select＞Entities"，弹出"Select Entities"窗口输入下图参数设置，点击"OK"按钮。

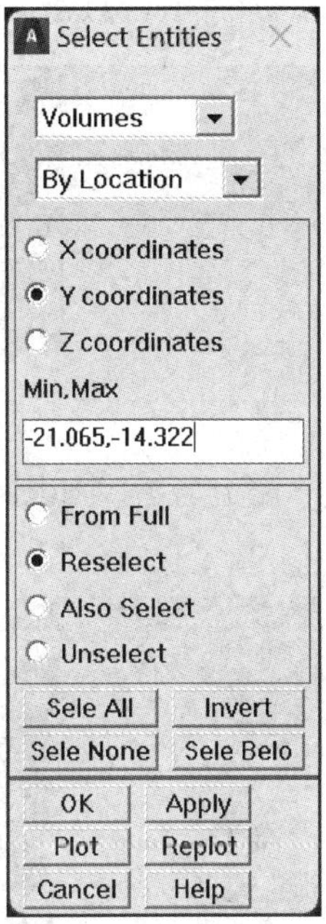

图 4.30　选择体的子集

激活坐标系 11：依次点击"Utility Menu＞WorkPlane＞Change Active CS to＞Specified Coord Sys"，弹出"Change Active CS to Specified CS"窗口，点击"OK"按钮。依次单击"Utility Menu＞Select＞Entities"，弹出"Select Entities"窗口输入参数设置，点击"OK"按钮。

将几何图形项分组到一个组件中：依次点击"Utility Menu＞Select＞Comp/Assembly＞Create Component"，弹出"Create Component"窗口输入参数设置，点击"OK"按钮。

激活坐标系：依次点击"Utility Menu＞WorkPlane＞Change Active CS to＞Global Cartesian"。

基于坐标系统定义工作平面位置：依次点击"Utility Menu＞WorkPlane＞Align WP with＞Global Cartesian"。

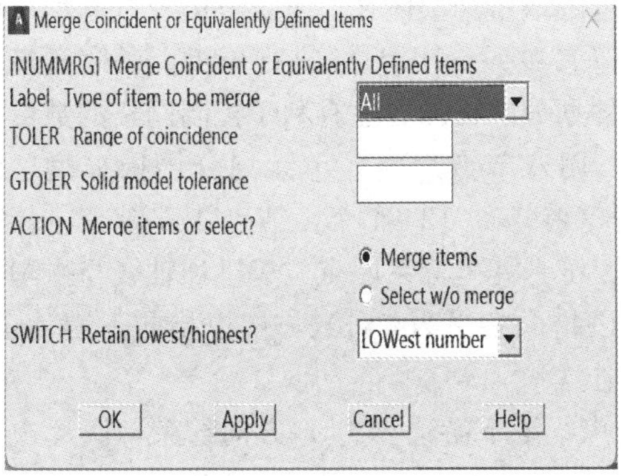

依次单击"Utility Menu＞Select＞Entities"，弹出"Select Entities"窗口输入参数设置，依次点击"Sele All＞OK"按钮。

合并相同或等同定义的项：依次点击"Main Menu＞Preprocessor＞Numbering Ctrls＞Merge Items"，参数设置如图 4.31 所示，点击"OK"按钮。

压缩已定义项的编号：依次点击"Main Menu＞Preprocessor＞Numbering Ctrls＞Compress Numbers"，参数设置如

图 4.31　合并单元

图 4.32 所示，点击"OK"按钮。

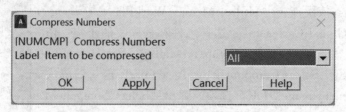

图 4.32　压缩已定义项的编号

溢流堰模型如图 4.33 所示。

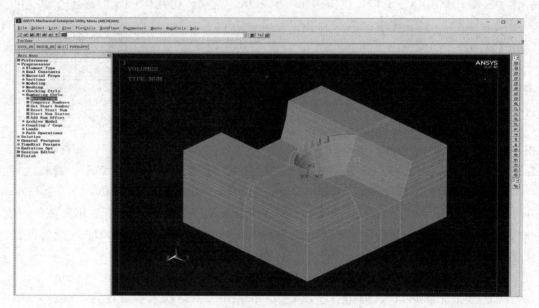

图 4.33　溢流堰模型图

4.3.4　划分网格

以混凝土单曲拱坝结构作为计算对象，考虑坝体、水体与地基的相互作用，将坝体与地基作为一个整体结构剖分有限元网格，地基范围取整个坝体在上下游方向及基础深度的计算范围的 1.5 倍坝高，采用六面体二十节点等参单元 SOLID95 进行分析。对模型进行网格划分时，采用分区域划分网格的方法，这种划分网格的方法有利于控制网格的数量以及计算结果的求解精度。采用实体建模工具，用八节点六面体单元划分结构模型，图 4.34 为大坝的有限元网格空间布置图，共划分等参单元 12384 个，节点 15578 个，计算精度可满足精度需要。应力以拉为正，压为负；笛卡儿坐标系原点位于拱坝轴线与拱坝参考面的交点在坝基的投影。方向规定：X 方向以指向右岸为正，Y 方向以指向下游为正，Z 方向铅直向上为正，坐标系满足右手螺旋法则。

模型边界条件：左右两侧边界为 X 方向约束，上下游边界为 Y 方向约束，底部边界为固定端约束。

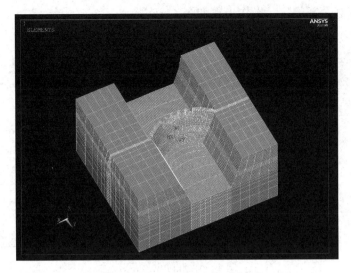

图 4.34 有限元网格空间布置图

4.3.5 施加荷载

拱坝的静力计算荷载有自重、水荷载、淤沙荷载、扬压力和温度作用。边界荷载施加如图 4.35 所示。

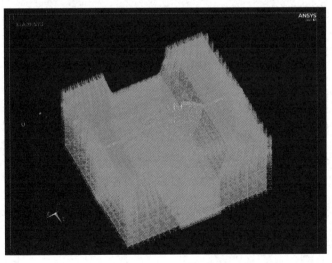

图 4.35 设置边界条件

4.3.6 动力求解设置

1. 模态分析设置

（1）删除模型荷载：模态分析之前将模型中的所有荷载删除，依次单击"Main Menu ＞Preprocessor ＞Loads ＞Define Loads ＞ Delete ＞ Structural ＞ Pressure ＞ On Areas"菜单命令，弹出"Delete Pressure"对话框，单击"Pick All"按钮，弹出"Delete PRES on Areas"对话框，在"LKEY"后面输入框中输入"1"，单击"OK"按钮，将模型所

有面上的压力荷载全部删除。操作步骤如图 4.36 所示。

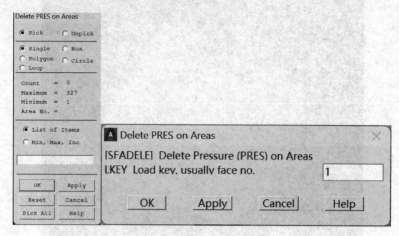

图 4.36　删除模型荷载

（2）设置分析类型：依次单击"Main Menu ＞ Solution ＞Analysis Type ＞ New Analysis"菜单命令，弹出一个如图 4.37 所示对话框，在"Type of analysis"栏后面选中"Modal"单击"OK"按钮。

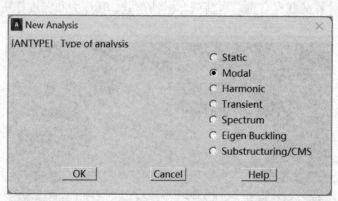

图 4.37　模态求解设置图

（3）设置模态分析选项：依次单击"Main Menu ＞ Solution ＞Analysis Type ＞Analysis Options"菜单命令，弹出一个如图 4.38（a）所示对话框，在"Mode extraction

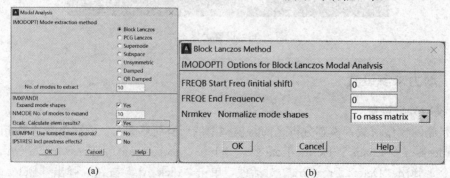

图 4.38　模态分析求解时子空间设置

method”栏后面选中“Block Lanczos”，在“No. of modes to extract”和“NMODE No. of modes to expand”栏后面输入“10”，在“Expand mode shapes”和“Elcalc Calculate elem results?”后面小方框用鼠标选中，单击“OK”按钮。又弹出一个“Block Lanczos Method”对话框，如图 4.38（b）所示。

（4）模态分析求解：依次单击“Main Menu >Solution >Solve >Current Ls”菜单命令，弹出一个模态求解选项信息（图 4.39）和一个当前求解荷载步对话框，检查信息无错误后单击“OK”按钮，开始求解运算，弹出“Solution is done”的提示框表示求解结束。

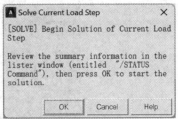

图 4.39　模态求解选项信息

（5）调出模态分析各阶频率：依次单击 Main Menu >General Postproc>Results Summary 菜单命令，弹出如图 4.40 所示对话框，可以查看坝体前 10 阶自振频率。

SET,LIST Command

File

INDEX OF DATA SETS ON RESULTS FILE

SET	TIME/FREQ	LOAD STEP	SUBSTEP	CUMULATIVE
1	1.4741	1	1	1
2	1.5797	1	2	2
3	2.2373	1	3	3
4	2.8243	1	4	4
5	2.9138	1	5	5
6	3.0431	1	6	6
7	3.1076	1	7	7
8	3.1209	1	8	8
9	3.1375	1	9	9
10	3.1597	1	10	10

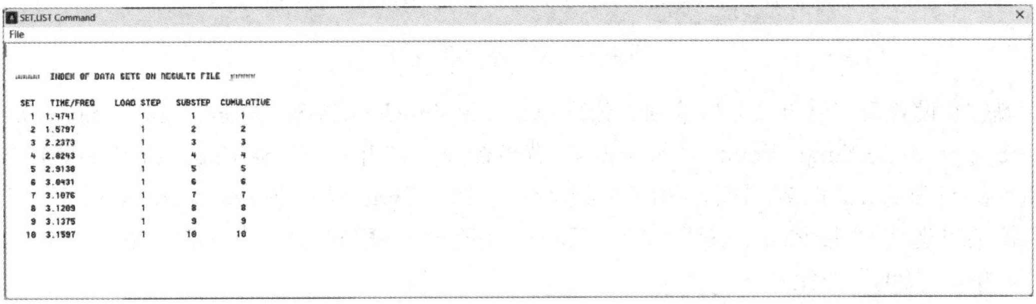

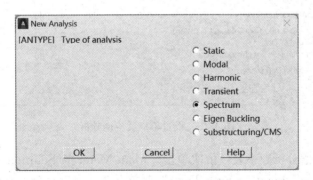

图 4.40　模态分析各阶频率

2. 谱分析设置

1）设置反应谱分析求解

（1）设置分析类型：依次单击“Main Menu >Solution >Analysis Type >New Analysis”菜单命令，弹出一个如图 4.41 所示对话框，在“Type of analysis”栏后面选中“Spectrum”单击“OK”按钮。

图 4.41　定义反应谱分析

（2）设置反应谱分析选项：依次单击“Main Menu>Solution >Analysis Type >Analysis Options”菜单命令，弹出一个“Spectrum Analysis”对话框，如图 4.42 所示。在

"Type of spectrum"后面栏中选取"Single-pt resp",在"No. of modes for solu"后面输入 10。

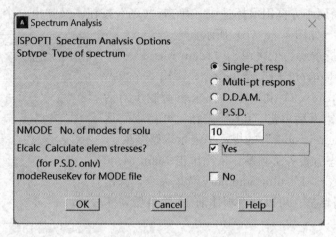

图 4.42 设置反应谱分析

(3) 设置反应谱单点分析选项：依次单击"Main Menu＞Solution＞Load Step Opts＞Spectrum＞Single Point＞Settings"菜单命令，弹出一个"Settings for Single-Point Response Spectrum"对话框，如图 4.43 所示。在"Type of response spectrum"栏后面下拉菜单选中"Seismic accel"，在"SEDX，SEDY，SEDZ"栏后面依次输入"0、0、1"，单击"OK"按钮。

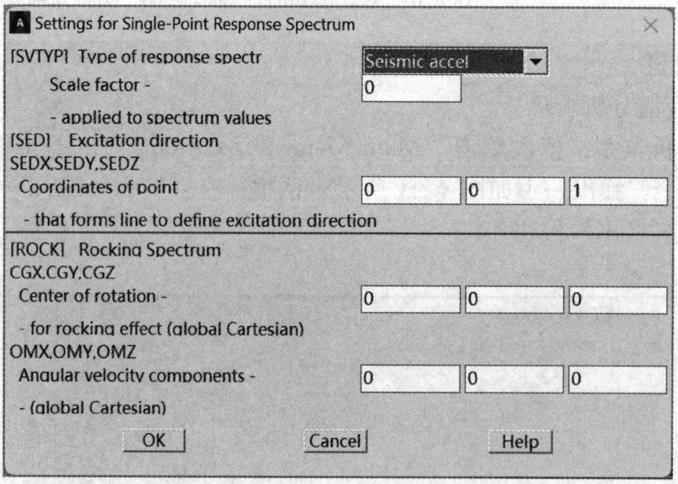

图 4.43 设置单点反应谱分析

(4) 定义反应谱分析频率表：依次单击"Main Menu＞Solution＞Load Step Opts＞Spectrum＞Single Point＞Freq Table"菜单命令，弹出一个"Frequency Table"对话框，如图 4.44 所示。根据表 4.3 依次输入大坝的前 10 阶振动频率。

(5) 定义反应谱值：依次单击"Main Menu＞Solution＞Load Step Opts＞Spectrum＞Single Point＞Spectr Values"菜单命令，弹出一个"Spectrum Values-Damping

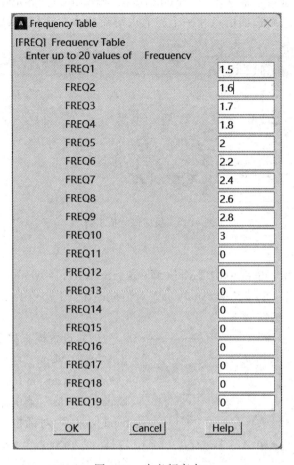

图 4.44 定义频率表

Ratio"对话框，在输入框中输入"0"，单击"OK"按钮。弹出反应谱值输入对话框，输入图 4.45 中的参数。

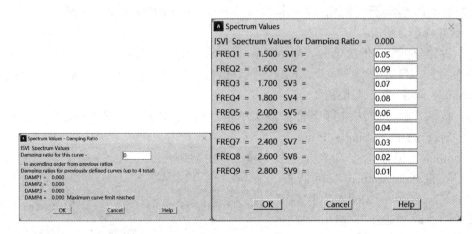

图 4.45 定义反应谱值

(2) 反应谱分析求解：依次单击"Main Menu＞Solution＞Solve＞Current LS"菜单命令，弹出一个模态求解选项信息和一个当前求解荷载步对话框，单击"OK"按钮开始求解运算（图4.46）。

图4.46　反应谱分析求解

3. 模态扩展分析

(1) 设置分析类型：依次单击"Main Menu＞Solution＞Analysis Type＞New Analysis"菜单命令，弹出一个"New Analysis"对话框，在"Type of Analysis"栏后面选中"Modal"单击"OK"按钮。

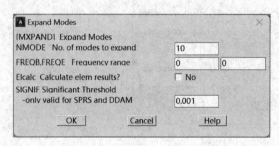

图4.47　模态扩展分析设置

(2) 设置模态扩展分析求解：依次单击"Main Menu＞Solution＞Load Step Opts＞Expansion Pass＞Single Expand＞Expand Modes"菜单命令，弹出一个"Expand Modes"对话框，如图4.47所示，在"No. of modes to expand"栏后面输入"10"，其他输入设置采用程序默认值，单击"OK"按钮，完成模态扩展设置。

(3) 模态扩展分析求解：依次单击"Main Menu＞Solution＞Solve＞Current Ls"菜单命令，弹出一个模态求解选项信息和一个当前求解荷载步对话框，检查信息无错误后，单击"OK"按钮开始求解运算，直到出现一个"Solution is done"的提示框表示求解结束。

4. 合并模态分析

(1) 设置分析型：依次单击"Main Menu＞Solution＞Analysis Type＞New Analysis"菜单命令，弹出一个"New Analysis"对话框，在"Type of analysis"栏后面选中"Spectrum"，单击"OK"按钮。

(2) 按平方和方根法进行组合：依次单击"Main Menu＞Solution＞Load Step Opts＞Spectrum＞Single Point＞Mode Combine"菜单命令，弹出一个"Mode Combination Methods"对话框，在"Mode Combination Method"栏后面下拉菜单中选取"SRSS"，弹出"SRSS Mode Combination"对话框，如图4.48所示，在"Significant threshold"栏后

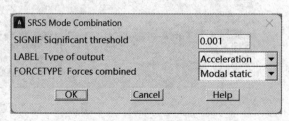

图4.48　合并模态求解设置

面输入"0.001",在"Type of output"栏后面下拉菜单中选取"Acceleration",单击"OK"按钮完成设置。

(3)合并模态分析求解:依次单击"Main Menu>Solution>Solve>Current Ls"菜单命令,弹出一个模态求解选项信息和一个当前求解荷载步对话框,单击"OK"按钮,开始求解运算。

5. 瞬态分析

瞬态分析之前将模型中的所有荷载删除,随后提取地震波数据:

```
* dim,dizhen,table,51,1,1,time,accel
* tread,dizhen,dizhen1,txt,,
finish
/solu
antype,trans
btime=0
etime=1 * do,itime,btime,etime,0.02,
time,itime
acel,dizhen(itime1)
* enddo
solve
```

依次单击"Main Menu >Solution >Analysis Type> Sol'n Controls"菜单命令,弹出"Solution Controls"对话框,瞬态分析参数选择如图4.49所示,点击"OK"按钮。

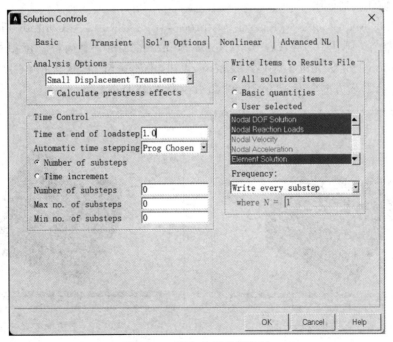

图4.49 瞬态分析参数设置

4.3.7 静力分析结果

1. 查看坝体在水荷载作用下的变形图

依次单击"Main Menu>General Postproc >Plot Results > Deformed Shape"菜单命令，弹出结构的变形对话框，选中"Def ＋undeformed"选项单击"OK"按钮，得到第一次计算的坝体变形图，如图 4.50 所示。

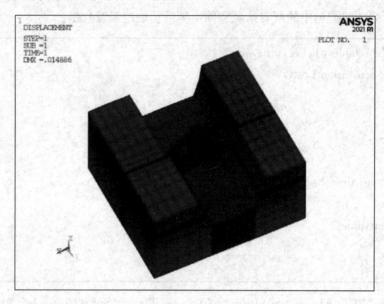

图 4.50　坝体变形图

2. 显示坝体变形云图

依次单击"Main Menu >General Postproc > Plot Results > Contour Plot > Nodal Solu"菜单命令，弹出一个"Contour Nodal Solution Data"对话框，用鼠标依次点击"Nodal Solution/Dof Solution/X-Component of displacement"，再单击"OK"按钮，就得到坝体 X、Y、Z 方向变形云图，如图 4.51～图 4.53 所示。

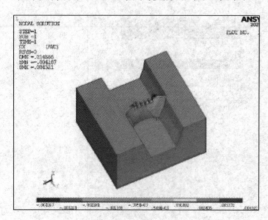

图 4.51　X 方向变形云图

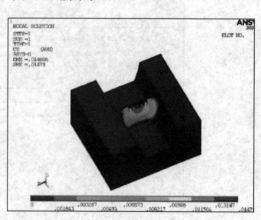

图 4.52　Y 方向变形云图

3. 显示坝体应力云图

依次单击"Main Menu >General Postproc > Plot Results > Contour Plot > Nodal Solu"菜单命令，弹出一个"Contour Nodal Solution Data"对话框，用鼠标依次点击"Nodal Solution/Stress/X-Component of stress"，再单击"OK"按就得到坝体 X、Y、Z 方向应力云图，如图 4.54～图 4.56 所示。

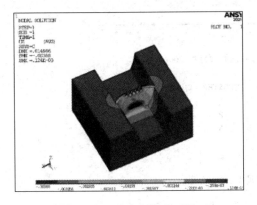

图 4.53 Z 方向变形云图

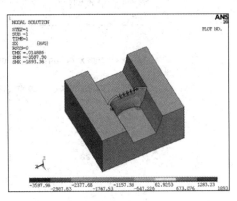

图 4.54 X 方向应力云图

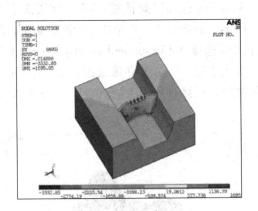

图 4.55 Y 方向应力云图

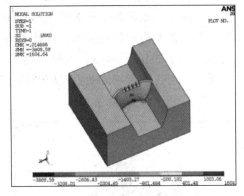

图 4.56 Z 方向应力云图

坝体第一主应力和第三应力云图，如图 4.57、图 4.58 所示。

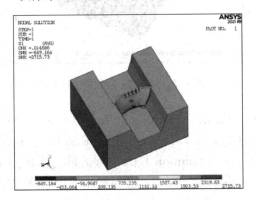

图 4.57 第一主应力图

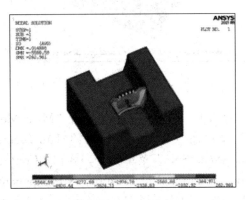

图 4.58 第三主应力图

4.3.8 动力计算结果

(1) 模态分析和谱分析结果：依次单击"Main Menu>General Postproc> Results Summary"，弹出"SET，LIST Command"对话框，显示 5 种典型计算结果（图 4.59）。

```
 SET,LIST Command
File

***** INDEX OF DATA SETS ON RESULTS FILE *****

 SET   TIME/FREQ   LOAD STEP   SUBSTEP   CUMULATIVE
  1    1.4741          1          1          1
  2    1.5797          1          2          2
  3    2.2373          1          3          3
  4    2.8243          1          4          4
  5    2.9138          1          5          5
```

图 4.59　5 种典型计算结果

依次单击"Main Menu>General Postproc>Plot Results>Contour Plot> Nodal Solu"菜单命令，弹出一个"Contour Nodal Solution Data"对话框，用鼠标依次点击"Nodal Solution/Dof Solution/X-Component of displacement"，再单击"OK"按钮，就得到坝体第一阶 X 方向位移云图。同样的操作步骤选择 Y-Component of displacement 以 Z-Component of displacement，得到坝体第 1 阶 Y 以及 Z 方向位移云图，如图 4.60～图 4.62 所示。通过读入坝体动力反应的第 1 阶数据，得到坝体第 1 阶 X、Y、Z 方向应力云图，如图 4.63～图 4.65 所示。

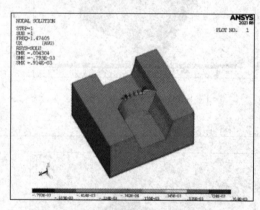 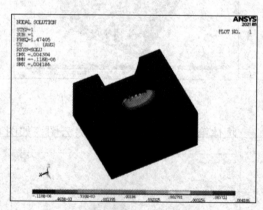

图 4.60　第 1 阶 X 方向位移云图　　　　图 4.61　第 1 阶 Y 方向位移云图

读入下一阶数据：依次单击"Main Menu>General Postproc>Read Results>Next set"菜单命令，再依次单击"Main Menu>General Postproc>Plot Results Contour Plot>Noda Solu"菜单命令，弹出"Contour Nodal Solution Data"对话框，依次点击"Nodal Solution/Dof Solution/ X-Component of displacement"，得到坝体下一阶 X 方向位移云图。同法选择 Y-Component of displacement 及 Z-Component of displacement，得到坝体下一阶 Y 方向位移云图及 Z 方向位移云图，如图 4.66～图 4.68 所示。

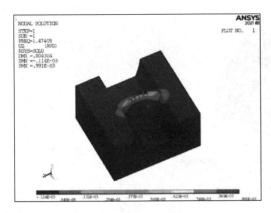
图 4.62　第 1 阶 Z 方向位移云图

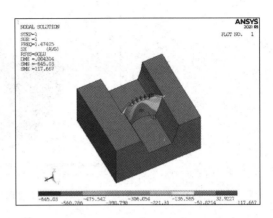
图 4.63　第 1 阶 X 方向应力云图

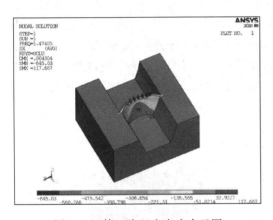
图 4.64　第 1 阶 Y 方向应力云图

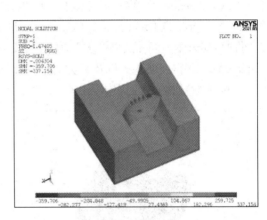
图 4.65　第 1 阶 Z 方向应力云图

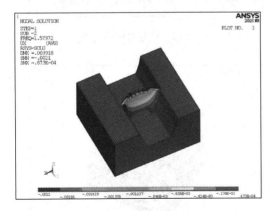
图 4.66　第 2 阶 X 方向位移云图

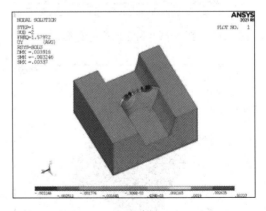
图 4.67　第 2 阶 Y 方向位移云图

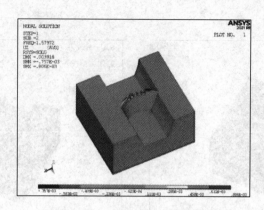

图4.68　第2阶Z方向位移云图

如此重复读入下一个数据，可绘制出合并模态求解后坝体不同频率下的真实位移云图。

（2）瞬态分析结果：依次单击"Main Menu＞General Postproc＞Plot Results＞Contour Plot＞Nodal Solu"菜单命令，弹出一个"Contour Nodal Solution Data"对话框，依次点击"Nodal Solution/Dof Solution/X-Component of displacement"，再单击"OK"按钮，得到坝体X方向位移云图。同样的操作步骤选择"Y-Component of displacement"以及"Z-Component of displacenent"，得到坝体Y以及Z方向位移云图，如图4.69～图4.71所示。通过读入坝体动力反应的第1阶数据，得到坝体第1阶X、Y、Z方向应力云图，如图4.72～图4.74所示。

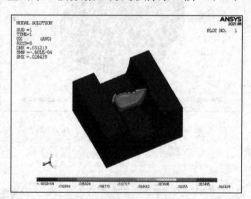

图4.69　X方向位移云图

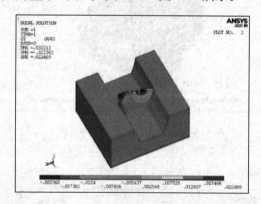

图4.70　Y方向位移云图

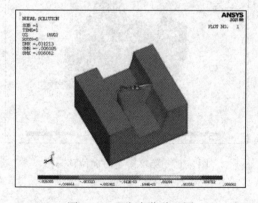

图4.71　Z方向位移云图

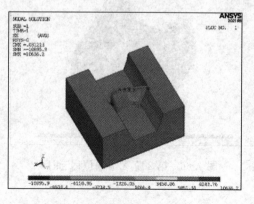

图4.72　X方向应力云图

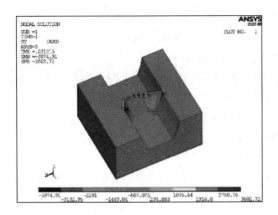

图 4.73 Y 方向应力云图

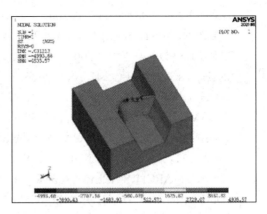

图 4.74 Z 方向应力云图

4.4 命令流

!! ****************************建模前准备************************
FINISH！
/CLEAR,START
/FILNAME,ARCHDAM,1
/PLOPTS,DATE,0
/TRIAD,LBOT
/VIEW,1,1,1,1
/VUP,1,Z
*AFUN,DEG
!! ****************************设置参数************************
Z_UP=53
Z_DOWN=0
Z_SAND=38
DENS_SAND=0.6
ANG_FRI=16
LAYER_NUM=8
*DIM,ELEVATION,ARRAY,LAYER_NUM
*DIM,T_ARCH,ARRAY,LAYER_NUM
*DIM,ARCH_RAD,ARRAY,LAYER_NUM,2
*DIM,RAD_CEN,ARRAY,LAYER_NUM
*DIM,ARCH_ANGLE,ARRAY,LAYER_NUM,2
ELEVATION(1)=55.5,47,39,29,24,19,9,0
H_DAM=ELEVATION(1)-ELEVATION(LAYER_NUM)
T_ARCH(1)=5.00,6.68,8.27,10.25,11.24,12.23,14.22,16.00

```
ARCH_RAD(1,1)=68.00,68.00,68.00,68.00,68.00,68.00,68.00,68.00
*VOPER,ARCH_RAD(1,2),ARCH_RAD(1,1),SUB,T_ARCH(1)
RAD_CEN(1)=68.00,68.00,68.00,68.00,68.00,68.00,68.00,68.00
ARCH_ANGLE(1,1)=-47.72,-46.36,-45.06,-43.36,-41.88,-40.38,-37.32,-34.48
ARCH_ANGLE(1,2)=49.73,47.13,44.68,41.57,40.44,39.29,36.92,35.72
W_DAM1=-ARCH_RAD(1,1)*SIN(ARCH_ANGLE(1,1))
W_DAM2=ARCH_RAD(1,1)*SIN(ARCH_ANGLE(1,2))
LOCAL,11,1,0,RAD_CEN(1),ELEVATION(1),-90
*DIM,T2_ARCH,TABLE,LAYER_NUM !
*DIM,Y_RAD,TABLE,LAYER_NUM !
*DIM,RADUP,TABLE,LAYER_NUM !
T2_ARCH(1)=5.00,6.68,8.27,10.25,11.24,12.23,14.22,16.00
T2_ARCH(1,0)=0,6,14,24,29,34,44,53
Y_RAD(1)=68.00,68.00,68.00,68.00,68.00,68.00,68.00,68.00
Y_RAD(1,0)=0,6,14,24,29,34,44,53
RADUP(1)=68.00,68.00,68.00,68.00,68.00,68.00,68.00,68.00
RADUP(1,0)=0,6,14,24,29,34,44,53
CSYS,0
! /PNUM,KP,1
! /PNUM,LINE,1
/PREP7
KNN=0
!! **********************生成拱坝控制关键点************************
*DO,II,1,LAYER_NUM
PX1=ARCH_RAD(II,1)*SIN(ARCH_ANGLE(II,1))
PY1=RAD_CEN(II)-ARCH_RAD(II,1)*COS(ARCH_ANGLE(II,1))
PX2=ARCH_RAD(II,1)*SIN(ARCH_ANGLE(II,2))
PY2=RAD_CEN(II)-ARCH_RAD(II,1)*COS(ARCH_ANGLE(II,2))
K,KNN+1,PX1,PY1,ELEVATION(II)
K,KNN+2,0,RAD_CEN(II)-ARCH_RAD(II,1),ELEVATION(II)
K,KNN+3,PX2,PY2,ELEVATION(II)
PX3=ARCH_RAD(II,2)*SIN(ARCH_ANGLE(II,1))
PY3=RAD_CEN(II)-ARCH_RAD(II,2)*COS(ARCH_ANGLE(II,1))
PX4=ARCH_RAD(II,2)*SIN(ARCH_ANGLE(II,2))
PY4=RAD_CEN(II)-ARCH_RAD(II,2)*COS(ARCH_ANGLE(II,2))
K,KNN+4,PX3,PY3,ELEVATION(II)
K,KNN+5,0,RAD_CEN(II)-ARCH_RAD(II,2),ELEVATION(II)
K,KNN+6,PX4,PY4,ELEVATION(II)
KNN=6*II
*ENDDO
```

!! ************************生成拱圈线********************************
LARC,1,3,2
*REPEAT,LAYER_NUM*2,3,3,3
L,1,4
*REPEAT,LAYER_NUM,6,6
L,3,6
*REPEAT,LAYER_NUM,6,6
!! ********************生成上游面、下游面和侧面********************
ASKIN,1,3,5,7,9,11,13,15
ASKIN,2,4,6,8,10,12,14,16
ASKIN,17,18,19,20,21,22,23,24
ASKIN,25,26,27,28,29,30,31,32
AL,1,17,2,25
AL,15,24,16,32
VA,6,1,3,2,4,5
!! ***************拉伸坝体侧面、底面,进行切割,生成坝基**************
ASEL,S,AREA,,4
VEXT,ALL,,,4*H_DAM
ASEL,S,AREA,,3
VEXT,ALL,,,−4*H_DAM
ALLSEL
ASEL,S,LOC,Z,ELEVATION(LAYER_NUM)−1,ELEVATION(LAYER_NUM)+1
VEXT,ALL,,,,,−NINT(H_DAM/10)*10
ASEL,S,AREA,,10,20,5
ASEL,A,AREA,,23,27,4
VEXT,ALL,,,4*H_DAM
ASEL,S,AREA,,8,18,5
ASEL,A,AREA,,25,29,4
VEXT,ALL,,,−4*H_DAM
ALLSEL,ALL
SAVE
WPROTA,,90
WPOFFS,,,NINT(H_DAM*1.5/10)*10
VSBW,ALL,,DELETE
VSEL,S,LOC,Y,−200,−H_DAM*1.4
VDEL,ALL,,,1
VSEL,ALL
WPOFFS,,,−NINT(H_DAM*3.5/10)*10
VSBW,ALL,,DELETE
VSEL,S,LOC,Y,NINT(H_DAM*2/10)*10,NINT(H_DAM*2/10)*100

```
VDEL,ALL,,,1
VSEL,ALL
WPCSYS,,0
WPROTA,,,90
WPOFFS,,,NINT((W_DAM2+H_DAM)/10)*10
VSBW,ALL,,DELETE
VSEL,S,LOC,X,NINT((W_DAM2+H_DAM)/10)*10,NINT((W_DAM2+H_DAM)/10)*50
VDEL,ALL,,,1
VSEL,ALL
WPOFFS,,,-NINT((W_DAM2+W_DAM1+2*H_DAM)/10)*10
VSBW,ALL,,DELETE
VSEL,S,LOC,X,-NINT((W_DAM1+H_DAM)/10)*50,-NINT((W_DAM1+H_DAM)/10)*10
VDEL,ALL,,,1
WPCSYS,,0
VSEL,ALL
SAVE
!! *******************用各控制高程切割整个模型*********************
*DO,II,LAYER_NUM,3,-1
WPOFFS,,,ELEVATION(II-1)-ELEVATION(II)
VSBW,ALL,,DELETE
*ENDDO
WPCSYS,,0
ALLSEL
WPROTA,,,90
VSBW,ALL,,DELETE
WPCSYS,,0
NUMMRG,ALL
NUMCMP,ALL
PX1=ARCH_RAD(1,1)*SIN(ARCH_ANGLE(1,1))
PX2=ARCH_RAD(1,1)*SIN(ARCH_ANGLE(1,2))
VSEL,S,LOC,X,PX1,PX2
VSEL,R,LOC,Z,ELEVATION(LAYER_NUM),ELEVATION(1)
CM,DAM,VOLU
VSEL,INVE
CM,BEDROCK,VOLU
ALLSEL
!! ***************************生成溢流堰*************************
CMSEL,S,DAM
VSEL,R,LOC,Z,ELEVATION(1)-0.1,ELEVATION(2)+0.1
```

```
/VIEW,1,1,1,1
VPLOT
W_WEIR=8
NUM_WEIR=5 !
W_WALL=2.5 !
WPOFFS,,,ELEVATION(1)-ELEVATION(LAYER_NUM)
WPOFFS,,RAD_CEN(1)
WPROTA,,,90
*AFUN,RAD
PI=2*ACOS(0)
SITTA1=(W_WEIR*NUM_WEIR+W_WALL*(NUM_WEIR+1))/68*180/PI
SITTA2=W_WEIR/ARCH_RAD(1,1)*180/PI
SITTA3=W_WALL/ARCH_RAD(1,1)*180/PI
WPROTA,,-SITTA1/2
VSBW,ALL,,DELETE
*DO,II,1,NUM_WEIR
WPROTA,,SITTA3
VSBW,ALL,,DELETE
WPROTA,,SITTA2
VSBW,ALL,,DELETE
*ENDDO
WPROTA,,SITTA3
VSBW,ALL,,DELETE
SAVE
CMSEL,S,BEDROCK
VSEL,INVE
VSEL,R,LOC,Z,ELEVATION(1),ELEVATION(2)
CSYS,11
VSEL,R,LOC,Y,-SITTA1/2,SITTA1/2
CM,YLYY,VOLU
*DO,II,1,NUM_WEIR
CMSEL,S,YLYY
VSEL,R,LOC,Y,-SITTA1/2+II*SITTA3+(II-1)*SITTA2,-SITTA1/2+II*SITTA3+II*SITTA2
VDEL,ALL,,,1,,,1
*ENDDO
CSYS,0
CMSEL,S,BEDROCK
VSEL,INVE
CM,DAM,VOLU
```

```
CMSEL,S,DAM
VSEL,R,LOC,Z,ELEVATION(1),ELEVATION(2)
CSYS,11
VSEL,R,LOC,Y,-SITTA1/2,SITTA1/2,
CM,ZHADUN,VOLU
CSYS,0
WPCSYS,,0
VSEL,ALL
NUMMRG,ALL
NUMCMP,ALL
SAVE
!! **********************定义单元性质和材料************************
ET,1,SOLID95
MP,EX,1,1E7
MP,NUXY,1,0.25
MP,DENS,1,23
MP,ALPX,1,0.7E-5
MP,REFT,1,0
MP,EX,2,0.8E7
MP,NUXY,2,0.21
MP,ALPX,2,0.0
MP,REFT,2,0
!! ********************坝体单元划分****************************
CMSEL,S,DAM
CMSEL,U,ZHADUN
ASLV,S
LSLA,S
*AFUN,DEG
PX1=ARCH_RAD(1,1)*SIN(ARCH_ANGLE(1,1))
PX2=ARCH_RAD(1,1)*SIN(ARCH_ANGLE(1,2))
PX3=ARCH_RAD(LAYER_NUM,2)*SIN(ARCH_ANGLE(LAYER_NUM,1))
PX4=ARCH_RAD(LAYER_NUM,2)*SIN(ARCH_ANGLE(LAYER_NUM,2))
LSEL,U,LOC,X,PX3,PX1
LSEL,U,LOC,X,PX4,PX2
LSEL,U,LOC,X,0
LSEL,U,LOC,Z,ELEVATION(1),ELEVATION(2)
LESIZE,ALL, , ,20,
CM,LTEMP1,LINE
CSYS,0
CMSEL,S,DAM
```

```
ASLV,S
LSLA,S
CMSEL,U,LTEMP1
CM,LTEMP2,LINE
LSEL,U,LENGTH,,T_ARCH(LAYER_NUM)+0.1,1000
LSEL,R,TAN1,Z
CSYS,11
LSEL,U,LOC,X,ARCH_RAD(1,1)
LSEL,U,LOC,X,ARCH_RAD(1,1)-T_ARCH(1)
LSEL,U,LOC,X,ARCH_RAD(1,1)-T_ARCH(2)
CSYS,0
CM,LTEMP3,LINE
LESIZE,ALL,,,5,
ALLSEL
CMSEL,S,LTEMP2
CMSEL,U,LTEMP3
LSEL,U,TAN1,Z
CM,LTEMP4,LINE
LESIZE,ALL,,,3,
CMSEL,S,DAM
CMSEL,U,ZHADUN
ASLV,S
LSLA,S
LSEL,R,LOC,Z,ELEVATION(1),ELEVATION(2)
CSYS,11
LSEL,U,LOC,Y,-SITTA1/2-1,SITTA1/2+1
LSEL,U,LENGTH,,0,T_ARCH(1)+0.1
CSYS,0
CMSEL,U,LTEMP3
CMSEL,U,LTEMP4
LESIZE,ALL,,,10,
CM,LTEMP5,LINE
CMSEL,S,DAM
CMSEL,U,ZHADUN
ASLV,S
LSLA,S
LSEL,R,LOC,Z,ELEVATION(1),ELEVATION(2)
CMSEL,U,LTEMP3
CMSEL,U,LTEMP4
CMSEL,U,LTEMP5
```

```
LSEL,U,LENGTH,,0,3
CM,LTEMP6,LINE
LESIZE,ALL, , ,4,
CSYS,0
ALLSEL
MSHAPE,0
CMSEL,S,DAM
VSWEEP,ALL
SAVE
!! ************************坝基单元划分*************************
CMSEL,S,BEDROCK
ASLV,S
LSLA,S
LSEL,U,TAN1,X
LSEL,U,LOC,X,PX2,PX1
CM,LTEMP7,LINE
LESIZE,ALL, , ,5,, , , ,1
CMSEL,S,BEDROCK
ASLV,S
LSLA,S
LSEL,U,TAN1,Y
PY4=RAD_CEN(LAYER_NUM)－ARCH_RAD(LAYER_NUM,2)*COS(ARCH_AN-
GLE(LAYER_NUM,2))＋20
LSEL,U,LOC,Y,－10,PY4
CM,LTEMP8,LINE
LESIZE,ALL, , ,6,4, , , ,1
CMSEL,S,BEDROCK
ASLV,S
LSLA,S
LSEL,U,TAN1,Z
LSEL,R,LOC,Z,ELEVATION(LAYER_NUM),ELEVATION(LAYER_NUM)－200
LESIZE,ALL, , ,5,5, , , ,1
CMSEL,S,BEDROCK
ASLV,S
LSLA,S
LSEL,U,TAN1,Z
LSEL,R,LOC,Z,ELEVATION(1),ELEVATION(LAYER_NUM)
LESIZE,ALL, , ,3,
CMSEL,S,BEDROCK
ASLV,S
```

```
LSLA,S
LSEL,R,LOC,Z,-50,-1000
LSEL,R,LOC,Y,-10,PY4
CSYS,11
LSEL,U,LOC,X,ARCH_RAD(1,1)
LSEL,U,LOC,X,ARCH_RAD(1,1)-T_ARCH(LAYER_NUM)
CSYS,0
LSEL,R,LENGTH,,T_ARCH(LAYER_NUM)-5,T_ARCH(LAYER_NUM)+3,
LESIZE,ALL,,,5,
CSYS,0
CMSEL,S,BEDROCK
ASLV,S
LSLA,S
LSEL,R,LOC,Z,ELEVATION(LAYER_NUM)-50,ELEVATION(LAYER_NUM)-1000
LSEL,R,LOC,X,PX2,PX1
LESIZE,ALL,,,20,
CMSEL,S,BEDROCK
MAT,2
VMESH,ALL
ALLSEL
NUMMRG,ALL
NUMCMP,ALL
SAVE
!!***********************定义边界条件***************************
FINI
/SOLU
*GET,NXMAX,NODE,,MXLOC,X
*GET,NXMIN,NODE,,MNLOC,X
*GET,NYMAX,NODE,,MXLOC,Y
*GET,NYMIN,NODE,,MNLOC,Y
*GET,NZMIN,NODE,,MNLOC,Z
NSEL,S,LOC,X,NXMAX
NSEL,A,LOC,X,NXMIN
D,ALL,UX,0
NSEL,S,LOC,Y,NYMAX
NSEL,A,LOC,Y,NYMIN
D,ALL,UY,0
NSEL,S,LOC,Z,NZMIN
D,ALL,ALL,0
NSEL,ALL
```

```
!! *********************施加荷载前准备***************************
ALLSEL
CMSEL,S,DAM
CMSEL,U,ZHADUN
ASLV,S
CSYS,11
ASEL,R,LOC,X,ARCH_RAD(1,1)-0.1,ARCH_RAD(1,1)+0.1
NSLA,S,1
!! *********************定义大坝上游面节点***********************
CM,N_DAMUP,NODE
CSYS,0
ALLSEL
CMSEL,S,DAM
ASLV,S
ASEL,R,EXT
LSLA,S
LSEL,R,LOC,X,0
LSEL,U,LOC,Y,-0.1,0.1
LSEL,U,LOC,Z,ELEVATION(2)
LSEL,U,LOC,Z,ELEVATION(LAYER_NUM)
ASLL,S
ASEL,U,LOC,X,0
LSLA,S
NSLA,S,1
!! *********************定义大坝下游面节点***********************
CM,N_DAMDOWN,NODE
ALLSEL
CMSEL,S,YLYY
ASLV,S
CSYS,11
ASEL,R,LOC,X,ARCH_RAD(1,1)-0.1,ARCH_RAD(1,1)+0.1
ASEL,U,,,291,326,326-291
NSLA,S,1
!! *********************定义溢流坝中墩节点***********************
CM,N_ZHADUN1,NODE
ASEL,S,,,291,326,326-291
NSLA,S,1
!! *********************定义溢流坝边墩节点***********************
CM,N_ZHADUN2,NODE
CSYS,0
```

```
*IF,Z_UP,NE,ELEVATION(LAYER_NUM),THEN
CMSEL,S,N_DAMUP
NSEL,R,LOC,Z,0,Z_UP
/PSF,PRES,NORM,2,0.1
SFGRAD,PRES,0,Z,0,-9.81
!! **********************施加大坝上游面水压力**********************
SF,ALL,PRESS,Z_UP*9.81
*ENDIF
*IF,Z_UP,GT,ELEVATION(2),THEN
CMSEL,S,N_ZHADUN1
NSEL,R,LOC,Z,ELEVATION(2),Z_UP
SFGRAD,PRES,0,Z,0,-(W_WEIR+W_WALL)/W_WALL*9.81
!! **********************施加中墩水压力,包含闸门传递的水压力**********************
SF,ALL,PRESS,Z_UP*(W_WEIR+W_WALL)/W_WALL*9.81
CMSEL,S,N_ZHADUN2
NSEL,R,LOC,Z,ELEVATION(2),Z_UP
SFGRAD,PRES,0,Z,0,-(W_WEIR/2+W_WALL)/W_WALL*9.81
!! **********************施加边墩水压力,包含闸门传递的水压力**********************
SF,ALL,PRESS,Z_UP*(W_WEIR/2+W_WALL)/W_WALL*9.81
*ENDIF
*IF,Z_SAND,GT,ELEVATION(LAYER_NUM),THEN
!! **********************荷载为累加方式**********************
SFCUM,PRES,ADD !
CMSEL,S,N_DAMUP
NSEL,R,LOC,Z,0,Z_SAND
*AFUN,DEG
!! **********************计算淤沙压力梯度**********************
SAND_GRADS=DENS_SAND*(TAN(45-ANG_FRI/2))**2*9.81 !
SFGRAD,PRES,0,Z,0,-SAND_GRADS
!! **********************施加淤沙压力**********************
SF,ALL,PRESS,Z_SAND*SAND_GRADS !
SFCUM,PRES,REPL !
*ENDIF
ALLSEL
*IF,Z_DOWN,NE,ELEVATION(LAYER_NUM),THEN
CMSEL,S,N_DAMDOWN
NSEL,R,LOC,Z,0,Z_DOWN
SFGRAD,PRES,0,Z,0,-9.81
!! **********************施加大坝下游面水压力**********************
SF,ALL,PRESS,Z_DOWN*9.81
```

```
* ENDIF
ALLSEL
!! ********************施加大坝自重荷载**************************
ACEL,0,0,1
SAVE
!! ********************计算求解,采用PCG求解器******************
ALLSEL
SAVE
EQSLV,PCG,1E-8
SOLVE
SAVE
FINISH
!! ***************************模态分析****************************
!! ********************在模型的基础上进行分析********************
FINISH
ALLSEL
/SOLU
ANTYPE,2
MODOPT,LANB,10,0,0,,OFF
MXPAND,10,,,1
SOLVE
FINISH
/POST1
SET,LIST
PLNSOL,U,SUM,0,1.0
SET,,2
PLDISP,2
FINISH
!! ****************************谱分析******************************
FINISH
/SOL
ANTYPE,8
SPOPT,SPRS,10,1,0
SVTYPE,2,0
SED,0,0,1
FREQ,1.5,1.6,1.7,1.8,1.9,2,2.1,2.2,2.3
FREQ,2.4,0,0,0,0,0,0,0,0
SV,0,0.05,0.08,0.1,0.05,0.08,0.07,0.09,0.05,0.02,
SV,0,0,
solve
```

```
finish
ANTYPE,2
EXPASS,1
MXPAND,10,0,0,1,0.001,
/STATUS,SOLU
SOLVE
FINISH
/solu
ANTYPE,8
SRSS,0,disp
SOLVE
FINISH
/post1
/input,'ARCHDAM2','mcom',,,0
/EFACET,1
PLNSOL,U,SUM,0,1.0
!! ********************* 地震瞬态分析 ***************************
!! ********************* 在模型的基础上进行分析 ********************
finish
/prep7
*dim,dizhen,table,51,1,1,time,accel
*tread,dizhen,dizhen1,txt,,
finish
/solu
antype,trans
TRNOPT,FULL
LUMPM,0
DELTIM,0.02,0,0
OUTRES,ERASE
OUTRES,ALL,ALL
KBC,0
TIME,1
btime=0
etime=1
*do,itime,btime,etime,0.02,
time,itime
acel,dizhen(itime,1)
*enddo
solve
```

5 大体积混凝土温度应力计算

5.1 概述

水利工程是一个巨大而复杂的系统,需要一系列的设施、设备和技术来支持其正常运行。其中,大体积混凝土在水利工程中扮演着重要的角色。在水利工程中,大体积混凝土用途广泛,大型水库、水电站、海底隧道和大型港口等都有涉及。

由于大体积混凝土结构的一些特点,再加上复杂的工程条件和施工状况,伴随着大体积混凝土结构广泛应用所带来的是混凝土开裂[97-98]。如果能够掌握大体积混凝土温度场以及温度应力的相关变化规律,就可以制定出针对性强的裂缝控制方案与措施,这不但可以极大提高工程质量,还能使结构物的耐久性增强,这具有非常重要的意义。

大体积混凝土结构由于体积庞大、施工周期长,还受混凝土特性等各种因素影响,其温度应力场十分复杂[99-100]。在施工过程中,虽然可以借助各种仪器对其监控测量,但仍会被很多因素(施工条件、布点限制、成本)制约,而且对于施工全过程来说,仅通过现场实测获得的数据是非常有限的。因而,为了能够更全方位掌握大体积混凝土温度场、温度应力等情况,开始引入仿真技术进行分析。

5.2 计算原理

5.2.1 温度场有限元计算公式

1. 稳定温度场有限元计算公式

由热传导理论可知:稳定温度场 $T(x, y, z)$ 在区域 R 内应满足拉普拉斯方程[101]:

$$\frac{\partial^2 T}{\partial x^2} + \frac{\partial^2 T}{\partial y^2} + \frac{\partial^2 T}{\partial z^2} = 0 \tag{5.1}$$

在第一类边界上满足:$T = T_b$;

在第三类边界条件上满足:

$$-\lambda \frac{\partial T}{\partial n} = \beta(T - T_a) \tag{5.2}$$

在绝热边界上满足:

$$\lambda \frac{\partial T}{\partial n} = 0 \tag{5.3}$$

式中:λ 为导热系数;n 为表面外法线的方向;β 为表面放热系数;T_a、T_b 为给定的温度边界。

将计算域离散为若干个八节点空间实体等参单元,取温度模式为:

$$T = \sum_{i=1}^{8} N_i T_i \tag{5.4}$$

式中：N_i 为形函数；T_i 为节点温度。

对式（5.1）在区域 R 内应用加权余量法得：

$$\iiint_R W_i \left(\frac{\partial^2 T}{\partial x^2} + \frac{\partial^2 T}{\partial y^2} + \frac{\partial^2 T}{\partial z^2} \right) \mathrm{d}x\mathrm{d}y\mathrm{d}z = 0 \tag{5.5}$$

取权函数 $W_i = N_i$，并进行计算得：

$$\iiint_R \left(\frac{\partial T}{\partial x} \cdot \frac{\partial N_i}{\partial x} + \frac{\partial T}{\partial y} \cdot \frac{\partial N_i}{\partial y} + \frac{\partial T}{\partial z} \cdot \frac{\partial N_i}{\partial z} \right) \mathrm{d}x\mathrm{d}y\mathrm{d}z - \iint_s \frac{\partial T}{\partial n} N_i \mathrm{d}s = 0 \tag{5.6}$$

把 $\frac{\partial T}{\partial x} = \frac{\partial N_i}{\partial x} T_j$；$\frac{\partial T}{\partial y} = \frac{\partial N_i}{\partial y} T_j$；$\frac{\partial T}{\partial z} = \frac{\partial N_i}{\partial z} T_j$ 代入式（5.6），并写成矩阵形式得：

$$\iiint_R [B_t]^T [B_t] \{T\}^e \mathrm{d}v = \iint_s \frac{\partial T}{\partial n} [N]^T \mathrm{d}s \tag{5.7}$$

式中：e 为区域内任取一单元。

代入边界条件，并对所有单元求和，得求解稳定温度场的方程：

$$\Sigma \left\{ \iiint_R [B_t]^T [B_t] \mathrm{d}v + \iint_s \frac{\beta}{\lambda} [N]^T [N] \mathrm{d}s \right\} \{T\}^e = \iint_s \frac{\beta}{\lambda} T_a [N]^T \mathrm{d}s \tag{5.8}$$

式中：

$$[B_t] = \begin{bmatrix} \frac{\partial N_1}{\partial x} & \frac{\partial N_2}{\partial x} & \cdots & \frac{\partial N_8}{\partial x} \\ \frac{\partial N_1}{\partial y} & \frac{\partial N_2}{\partial y} & \cdots & \frac{\partial N_8}{\partial y} \\ \frac{\partial N_1}{\partial z} & \frac{\partial N_2}{\partial z} & \cdots & \frac{\partial N_8}{\partial z} \end{bmatrix}$$

2. 非稳定温度场有限元计算公式

由热传导理论，三维非稳定温度场 $T(x, y, z, t)$ 应满足下列偏微分方程及相应的初始条件和边界条件[102]。

泛定方程：

$$\frac{\partial T}{\partial \tau} = \alpha \left(\frac{\partial^2 T}{\partial x^2} + \frac{\partial^2 T}{\partial y^2} + \frac{\partial^2 T}{\partial z^2} \right) + \frac{\partial \theta}{\partial \tau} \tag{5.9}$$

式中：$\frac{\partial T}{\partial \tau}$ 为温度随时间的变化率；α 为导温系数；θ 为混凝土的绝热温升。

初始条件：

$$T \big|_{\tau=0} = T_0(x, y, z) \tag{5.10}$$

第一类边界条件：$T = T_b$

第三类边界条件：

$$\lambda \frac{\partial T}{\partial x} l_x + \lambda \frac{\partial T}{\partial y} l_y + \lambda \frac{\partial T}{\partial z} l_z + \beta(T - T_a) = 0 \tag{5.11}$$

在绝热边界上满足：

$$\lambda \frac{\partial T}{\partial n} = 0 \tag{5.12}$$

式中：λ 为导热系数；l_x、l_y、l_z 为边界外法线的方向余弦；β 为表面放热系数；T_a、T_b 为给定的温度边界；$T(x, y, z)$ 为初始温度。

对泛定方程式在三维空间域 R 内应用加权余量法得：

$$\iiint_R W_i \left[\left(\frac{\partial^2 T}{\partial x^2} + \frac{\partial^2 T}{\partial y^2} + \frac{\partial^2 T}{\partial z^2} \right) + \frac{1}{\alpha} \left(\frac{\partial \theta}{\partial \tau} - \frac{\partial T}{\partial \tau} \right) \right] dx dy dz = 0 \quad (5.13)$$

采用伽辽金方法[103]在空间域取权函数等于三维空间有限元的形函数 N_i。最后得到求解非稳定温度场的方程如下：

$$\left(\frac{2}{3}[H] + \frac{1}{\Delta \tau}[C] \right) \{T\}_1 = \left(\frac{1}{3} \{P\}_0 + \frac{2}{3} \{P\}_1 \right) - \left(\frac{1}{3}[H] - \frac{1}{\Delta \tau}[C] \right) \{T\}_0$$

$$(5.14)$$

式中：$\{T\}_0 = \{T(\tau_0)\}$，$\{T\}_1 = \{T(\tau_0 + \Delta \tau)\}$；$\{P\}_0 = \{P(\tau_0)\}$，$\{P\}_1 = \{P(\tau_0 + \Delta \tau)\}$；

$$[H] = \sum_e \left\{ \iiint_R [B_t]^T [B_t] dv + \frac{\beta}{\lambda} \iint_s [N]^T [N] ds \right\}; \quad [C] = \sum_e \frac{1}{\alpha} \iiint_R [N]^T [N] dv$$

$$[P] = \sum_e \left\{ \iiint_R \frac{1}{\alpha} [N]^T \frac{\partial \theta}{\partial \tau} dv + \frac{\beta T_a}{\lambda} \iint_s [N]^T ds \right\}$$

其中把单元 e 作为求解域 R 的一个子域，在单元足够小的条件下，可用各单元泛函值之和代表原泛函。

当 $\tau_0 = 0$ 时，初始条件与边界可能不协调，因而在第一个 $\Delta \tau$ 时段内不能使用加权余量法而应采用直接差分法。

$$\frac{\partial T}{\partial \tau} = \frac{\{T\}_1 - \{T\}_0}{\Delta \tau} \quad (5.15)$$

5.2.2 温度应力有限元计算公式

1. 温度应力热弹性计算公式

在线弹性变形的条件下大体积混凝土温度应力分析的有限元形式：

$$[K]\{\Delta \delta_n\} = \{\Delta P_n\} + \{\Delta P_n^c\} + \{\Delta P_n^T\} + \{\Delta P_n^s\} \quad (5.16)$$

式中：$\{\Delta P_n\}$ 为外荷载增量矩阵；$[K] = \int [B]^T \bar{D}(\bar{\tau}_n, \bar{T}_n)[B] dV$，$[K]$ 为结构刚度矩阵；$\{\Delta P_n^T\} = \int [B]^T \bar{D}(\bar{\tau}_n, \bar{T}_n)\{\Delta \varepsilon_n^T\} dV$，$\{\Delta P_n^T\}$ 为等效温度变形荷载增量矩阵；$\{\Delta P_n^c\} = \int [B]^T \bar{D}(\bar{\tau}_n, \bar{T}_n)\{\eta_n\} dV$，$\{\Delta P_n^c\}$ 为等效徐变变形荷载增量矩阵；$\{\Delta P_n^s\} = \int [B]^T \bar{D}(\bar{\tau}_n, \bar{T}_n)\{\Delta \varepsilon_n^s\} dV$，$\{\Delta P_n^s\}$ 为等效干缩荷载增量矩阵。

2. 温度应力热弹塑性计算公式

在应力较高时，大体积混凝土处于热弹塑性阶段，此时混凝土的变形为非线性[104]。由于混凝土复杂的力学性质，在复杂应力状态下，采用热弹性本构模型是无法对混凝土的塑性变形进行完整地描述。因而，就有必要在热弹塑性理论的基础上，建立考虑多因素（徐变、温度、干缩变形等）作用下的有限元表达式[105]。

将混凝土徐变、干缩温度应力考虑进去的热弹塑性有限元平衡方程为：

$$\int [B]^T \{\Delta \sigma_n\} dV = \{\Delta P_n\} \quad (5.17)$$

热弹塑性变形情况下混凝土温度应力分析的有限元形式：

$$[K]\{\Delta\delta_n\} = \{\Delta P_n\} + \{\Delta P_n^c\} + \{\Delta P_n^T\} + \{\Delta P_n^s\} \tag{5.18}$$

式中：$\{\Delta P_n\}$ 为外荷载增量矩阵；$\{\Delta\delta_n\}$ 为节点的位移增量；$[K] = \int [B]^T [D_{ep}] [B] dV$，$[K]$ 为结构刚度矩阵；$\{\Delta P_n^T\} = \int [B]^T [D_{ep}] \{\Delta\varepsilon_n^T\} dV$，$\{\Delta P_n^T\}$ 为等效温度变形荷载增量矩阵；$\{\Delta P_n^c\} = \int [B]^T [D_{ep}] \{\eta_n\} dV$，$\{\Delta P_n^c\}$ 为等效徐变变形荷载增量矩阵；$\{\Delta P_n^s\} = \int [B]^T [D_{ep}] \{\Delta\varepsilon_n^s\} dV$，$\{\Delta P_n^s\}$ 为等效干缩荷载增量矩阵。

由边界条件，可求得 $\{\Delta\delta_n\}$，然后根据其本构关系可求得 $\{\Delta\sigma_n\}$，最终可获得第 n 步末，总的单元应力 $\{\sigma_n\}$ 是：

$$\{\sigma_n\} = \{\sigma_{n-1}\} + \{\Delta\sigma_n\} \tag{5.19}$$

然后重复以上的求解步骤，可算得在任一时间段末的每一单元的应力，最终完整结构的温度应力状况就可获得。

5.2.3 计算流程

混凝土浇筑之后，混凝土的水化热、弹性模量、强度、徐变变形等物理和热力学性能均在不断发生变化，若要计算其早期的温度应力，即施工期温度应力，必须模拟混凝土的施工过程，考虑混凝土的浇筑进度和间歇期、不同混凝土分区、混凝土弹性模量的变化水泥水化热、通水冷却条件、混凝土徐变及不断变化的边界条件等因素[106]，这就对大体积混凝土温度应力计算提出了更高的要求。

在温度应力仿真计算中，与普通温度应力计算上的最大不同，在于它是分时段进行的[106-107]。对时段长短的取舍直接关系到计算量和计算精度，时段取得过密，则加大了计算工作量；时段取得太稀疏，又达不到计算要求的精度。在计算中可以考虑时段的划分，从浇筑混凝土开始至水泥发热结束，水泥发出大量的水化热，混凝土的弹性模量急剧增长，这一时期在混凝土中会形成残余应力[108-109]。在混凝土浇筑之后的一段时间内，计算时间步长取得较短。从水泥水化热基本结束至混凝土冷却到稳定温度为止，这时混凝土的弹性模量变化不大，温度应力由混凝土冷却及外界环境温度的变化所引起。随着混凝土龄期的增加（如 28 d 以后），混凝土的各项物理、力学性能指标的变化趋于平稳，这时可以逐步加大计算步长。

使用 ANSYS 进行大体积混凝土温度应力计算大致分为两步，第一步为温度场求解，第二步为在温度场计算结果基础上，再次进入前处理模块修改相应材料参数、约束等进行应力场求解。

一般步骤如下：

（1）首先，要了解坝体的几何信息：坝高、坝宽、上下游坝坡坡率、坝体的整体几何特征等，根据工程算例进行适当简化。其次，将浇筑过程进行合理分层，建立模型并划分网格。在温度场中使用温度单元，在后续应力场中转化为结构单元。

（2）温度场求解

① 收集坝体材料的温度相关参数数据。诸如密度、比热容、放热系数、导热系数、泊松比、导温系数、对流系数，建立准确材料模型。混凝土的主要热学性能参数中包括了

导热系数 λ、比热容 c、导温系数 a 及密度 ρ 等，其中 $a = \lambda/c\rho$。应当通过试验来获得混凝土中热学性能，仅需对其中的三个进行测定，剩下的可由 $a = \lambda/c\rho$ 计算得出。

② 考虑水泥水化的发热量与绝热升温。

③ 因为整体浇筑流程计算的复杂性，应设置计算用数组以储存不同数据。大致需要建立体数组、层数组、龄期数组、混凝土发热量存储数组、气温数组、浇筑温度数组、混凝土弹模数组、材料号数组等。同时输入相关的环境温度参数，可以是实测参数，也可通过函数模拟表达。

④ 设计浇筑方案，包括一层浇筑几天，静置几天，固化几天等，将方案设计的龄期、天数、环境温度结合起来。

⑤ 施加初始条件和边界条件，即设置初始温度和热力学边界条件，通常包括对流系数等信息。

⑥ 求解温度场。利用生死单元逐层激活坝体，在对应面施加对应边界对流条件以及对应的环境温度，结合水化热，利用热分析模块计算出温度值，从而得到温度场。

（3）应力场求解

① 收集坝体材料的应力计算相关参数数据。诸如弹性模量、密度、泊松比、线膨胀系数，建立准确材料模型。

② 考虑混凝土弹性模量的改变。

③ 施加边界条件，通常为位移约束等。

④ 求解应力场。首先杀死坝体，然后逐层激活并判断混凝土的弹性模量是否改变，如若改变则以改变材料类型的方式变更弹性模量。再施加荷载，类型有水压力、自重、温度作用。利用生死单元逐层激活坝体，计算应力，从而得到应力场。

5.3 算例分析

5.3.1 基本情况

各坝段均为全断面碾压混凝土重力坝。基岩的上下游延伸范围以及坝基延伸深度取 40m。整体坐标系的坐标原点在坝段正中间坝踵处。坝轴线指向右岸为 X 轴正向，下游方向为 Y 轴正向，铅直向上为 Z 轴正向。非溢流坝段截面如图 5.1 所示。

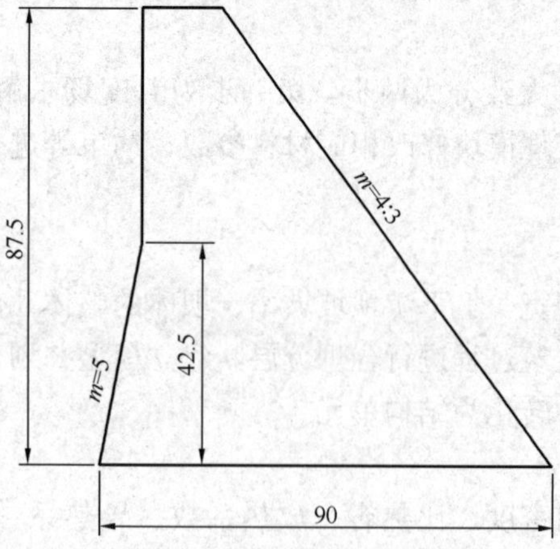

图 5.1 非溢流坝段截面

5.3.2 建立模型

建模时对实例进行简化，将整个坝体在厚度上均分为 175 层，每层厚度为 0.5m，最底层为常态混凝土，其余 174 层是碾压混凝土。建模流程分为：创建关键点（K），连点成线（L），连线成面（AL），连面成体（VA）。坝体算例模型如图 5.2 所示。

5.3.3 划分网格

网格划分,选择相应的线编号对其进行布置,即设定该线的划分尺寸。本算例中对坝体采用 X 方向均分 8 份,Y 方向均分 6 份,Z 方向每一层为 1 份共 175 份进行网格划分,如图 5.3 所示。

图 5.2 坝体算例模型

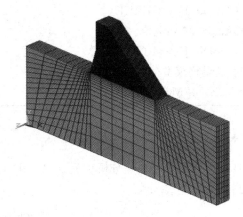

图 5.3 网格划分

```
!! 对线进行划分
LSEL,S,LINE,,1250,1428
LSEL,A,LINE,,1071,1249
LESIZE,ALL,,,8
ALLSEL
LSEL,S,LINE,,2
LSEL,A,LINE,,9
LSEL,A,LINE,,361,535
LSEL,A,LINE,,896,1070
LESIZE,ALL,,,6
ALLSEL
LSEL,S,LINE,,186,360
LSEL,A,LINE,,11,185
LSEL,A,LINE,,546,720
LSEL,A,LINE,,721,895
LESIZE,ALL,,,1
ALLSEL
!! 分网格
MSHAPE,0,3DMSHKEY,2
VMESH,ALL
!! 合并及编号压缩
NODE ELEM KP MAT TYPE REAL CP CE ALL
```

```
NODE ELEM KP LINE AREA VOLU MAT TYPE REAL CP CE ALL
!! 修改显示颜色
ESEL,S,MAT,,1
/COLOR,ELEM,RED
ESEL,S,MAT,,2
/COLOR,ELEM,BIUE
ESEL,S,MAT,,3
/COLOR,ELEM,ORANGE
!! 将网格模型存盘
SAVE,DB-MODEL-3D
```

5.3.4 温度场计算过程及结果

选定所使用单元为热分析单元（SOLID70），之后选择对应的实体编号赋予材料，所使用材料参数见表 5.1。

温度场材料参数 表 5.1

材料	基岩	常态混凝土	碾压混凝土
密度(kg/m³)	2857	2378	2447
比热容 kJ/(kg·K)	0.77	0.97	0.97
放热系数 kJ/(m²·h·K)	38.8	84	84
导热系数 kJ/(m·h·K)	6.5	8.5	8.5
泊松比	0.167	0.167	0.167
导温系数	—	0.003	0.0035
对流系数	1200	1200	1200

进入求解设置，设定分析类型为热分析，同时定义瞬态分析方法，以及使用生死单元需要使用的 full Newton-Raphson 算法。

```
ANTYPE,4                !! 类型为热分析
TRNOPT,FULL
NROPT,FULL
```

1. 设置计算数组

首先设定一些数组用于储存相关计算数据：

```
!! ************************定义计算用数组*********************
*DIM,TT1,ARRAY,800,1
*DIM,TT2,ARRAY,800,1
!! 定义体数组、层数组
*DIM,VOL,ARRAY,1000
!! 定义龄期数组
```

```
* DIM,LQ,ARRAY,800
```
!! 定义混凝土发热量存储数组
```
* DIM,SRCH,ARRAY,1000
* DIM,SR,ARRAY,800
```
!! 定义气温数组
```
* DIM,TAIR,ARRAY,1000
* DIM,TEMP1,ARRAY,1000
```
!! 定义上游节点编号数组
```
* DIM,SHY,ARRAY,1000
* DIM,XY,ARRAY,1000
* DIM,DB,ARRAY,1000
```
!! 浇筑温度数组
```
* DIM,JZWD,ARRAY,1000
```
!! 混凝土弹性模量数组
```
* DIM,ECH,ARRAY,1200
* DIM,E,ARRAY,1200
* DIM,DETAECH,ARRAY,1000
* DIM,DETAE,ARRAY,1000
```
!! 定义每层材料号数组并赋值
```
* DIM,LAYMAT,ARRAY,1000,10
```

将上下游面号与层号 I 相关联以便更好地施加对流条件。

```
* DO,I,1,175
DB(I)=716+I
* ENDDO
* DO,I,1,175
SHY(I)=359+I
* ENDDO
* DO,I,1,175
XY(I)=536+I
* ENDDO
```

2. 计算发热量

依照所提公式计算不同龄期混凝土的发热量，D 代表浇筑天数，本次模拟所使用具体如下：

!! 常态混凝土的发热量
```
SRCH(1)=23651.89
* DO,D,2,720
TP1=270.1*D/(1.12+D)
```

```
    TP2=270.4*(D-1)/(1.12+D-1)
    SRCH(D)=(TP1-TP2)*183
* ENDDO
!! 碾压混凝土发热量
    SR(1)=17680.94
* DO,D,2,720
    TTP1=206.33*D/(1.07+D)
    TTP2=206.33*(D-1)/(1.07+D-1)
    SR(I)=(TTP1-TTP2)*173
* ENDDO
```

3. 环境资料

气温变化能够影响混凝土温度场的变化规律，尤其是当气温骤降的情况下，会导致混凝土的表面出现裂缝。气温的周期性变化可以按时间的长短分成年变化、日变化以及气温骤降。可以采用函数描述气温年变化与日变化也可以使用实测温度资料作为模拟的环境温度。本次模拟的环境温度变化采取实测温度数据，具体见表5.2。

实测环境温度 表5.2

TAIR (1)	16.7	17.5	18.1	14.6	14.5	15.2	15.7	16.1	16.6	17.3
TAIR (11)	17.9	16.8	16.7	16.6	18.7	17.5	17.3	18.3	17.9	17.9
TAIR (21)	17.7	17.9	17.3	19.3	19.5	19.1	20.1	18	17.6	17.2
TAIR (31)	20.1	16.9	17.4	19.1	19	19.7	18.4	18.9	20.1	20.3
TAIR (41)	20.3	21.7	21	20.1	19.3	23.1	21.8	22.2	23.5	20.3
TAIR (51)	20.7	21.8	19.4	19.3	20	20.5	21.3	21.6	21.6	21.6
TAIR (61)	22	21.9	22.4	22.8	22.6	21.6	15.9	16	17.1	20.3
TAIR (71)	21	22.2	22.5	22.8	23.6	22.8	24	22.8	22.2	23.5
TAIR (81)	23.4	22.2	21.8	22.6	22.3	21.9	23.2	24.1	25.4	25
TAIR (91)	21.8	22.6	24.9	24.6	22.9	23.2	24.4	25.5	26.2	23.8
TAIR (101)	23.7	23.1	21.9	23.9	24.9	25.7	25.9	25.9	26.9	27.4
TAIR (111)	27.4	26.7	25.8	25.2	25.1	26	25.8	24	25.8	26.4
TAIR (121)	25.1	26.7	25.8	24.4	24.2	26	24.9	25.2	24.7	26.3
TAIR (131)	24.4	25.1	25	27.4	25.9	25.5	25.2	25.9	24.2	27.3
TAIR (141)	28.3	27	27.5	26.7	25.9	24.9	25.2	25.8	27.2	25.9
TAIR (151)	27.8	28.6	27.3	27.4	26.9	26.6	28.4	29	29.7	27.8
TAIR (161)	27	28.6	28.9	28.6	28.3	26.6	26.7	26.8	26	27.5
TAIR (171)	27.7	28.2	29.2	29.1	27.2	26	26.2	27.3	27.8	27.8
TAIR (181)	28.6	28.7	28.6	28.4	28.1	27.4	28.3	28.4	27	27
TAIR (191)	26.5	26	27.7	27.3	28	27.6	27.8	27.6	25.9	26.9
TAIR (201)	26.8	27	27.4	27.6	26.8	26.5	26.6	27.8	28.2	28

续表

TAIR (211)	26.6	26.1	27.8	27.4	27.9	28.1	28.7	28	27.8	26.3
TAIR (221)	25.4	25.8	26	27.6	26.5	26.1	25.7	24.5	24.5	24.8
TAIR (231)	25.5	26.5	26.9	26.9	27.8	26.3	26.5	26.7	27.1	26.9
TAIR (241)	26.3	26.4	26.4	26.8	26.1	25.4	26.8	26.9	26.6	26.1
TAIR (251)	26.2	26.9	27.1	26.8	26	25.7	25.8	25.6	26.3	25.8
TAIR (261)	26.3	25.9	24.5	24.7	24.2	25.1	25.4	25.3	26	25.2
TAIR (271)	25.8	25.2	24.5	25.5	26.3	23.8	20.9	20.1	20.5	20.7
TAIR (281)	20.5	22.3	22.8	23	24.2	23.6	25.2	24.7	25.1	25.7
TAIR (291)	25.8	26.3	26.8	24.2	23.3	23.6	23.8	24.5	24.5	25.5
TAIR (301)	22.9	22.8	21	18	19.6	19.7	19.4	20	19.7	20.1
TAIR (311)	20.9	23.1	22.8	23.6	23.1	20.9	20.1	21.8	21.6	21.8
TAIR (321)	22.7	21.2	21.7	20.9	21.2	17.9	17.7	20	21.9	24.2
TAIR (331)	23.7	21.5	20.3	19	20.1	19.7	19.6	20.5	19.3	17.1
TAIR (341)	19.6	18.8	17	18.9	19.8	19.7	21.2	20.5	18.7	17.2
TAIR (351)	16.3	16.2	16.5	16.2	17.7	19.6	17.3	16.1	18.5	18.1

4. 设计浇筑方案

浇筑过程：从3月份开始浇筑，本次分析采用每3d浇1层的方案，LQ（I）表示浇筑第I层所使用的天数，如LQ(1)=1,2,3其对应的环境温度分别为TAIR(61)，TAIR(62)，TAIR(63)；LQ(2)=4,5,6其对应的环境温度分别为TAIR(64)，TAIR(65)，TAIR(66)。

利用DO命令将浇筑层数、天数、环境温度连接起来。

(1)

```
* DO,D,1,720
KK=60+D
* IF,KK,LE,360,THEN
TU=TAIR(60+D)
TEMP10=TU
* ELSEIF,KK,GT,360,AND,KK,LE,720,THEN
TU=TAIR(KK-360)
TEMP10=TU
* ENDIF
* ENDDO
```

(2)

```
SUM=1
* DO,I,1,175,1
* DO,II,I,I+2
```

```
   LQ(I)=II+(SUM-1)*2
*ENDDO
SUM=SUM+1
*ENDDO
```

5. 施加初始温度条件

设置初始条件。首先是岩石初始温度为22.8℃，绝热边界温度为16℃。

```
!! ***********************加岩石的初温***************************
ALLSEL,ALL
LSCLEAR,ALL
VSEL,S,MAT,,3
ESLV,S
NSLE,S,ALL
IC,ALL,TEMP,22.8
!! ***********************加岩石的绝热边界条件********************
ALLSEL,ALL
ASEL,S,AREA,,1,3,1
ASEL,A,AREA,,179,181,1
ASEL,A,AREA,,711
ASEL,A,AREA,,713
ASEL,A,AREA,,715
ASEL,A,AREA,,357
ASEL,A,AREA,,534
NSLA,S,1
SF,ALL,HFLUX,0
ALLSEL
*DO,I,1,175
  VSEL,S,VOLU,,I+3
  NSLV,S,1
  IC,ALL,TEMP,16
ALLSEL
*ENDDO
```

6. 温度计算

利用生死单元模拟浇筑过程进行逐层计算。

```
!! 加坝体第1层初始条件
ALLSEL,ALL
ESEL,S,MAT,,1
```

```
ESEL,A,MAT,,2
EKILL,ALL              !! 杀死坝体单元
```

激活第 1 层（$I=1$），在顶部和底部（上下游面）施加对流边界条件，对流系数为 1200。同时施加相应天数水泥的水化热，计算温度。之后激活第 2 层（$I=2$），同时将激活第一层时施加于顶部和底部的对流边界条件删除，重新在新的顶部和底部施加对流边界条件，施加相应的水化热，计算温度。重复该流程，直至大坝浇筑完毕。可以从计算结果中得到整个浇筑过程中温度场的分布变化。

```
!! 每激活一层坝体将上一层所施加的对流条件删除,施加新的对流体条件
*DO,I,1,175,1
    !! 删除对流边界条件
    /SOLU
        ALLSEL,ALL,ALL
    !! 顶部的对流条件
        *IF,I,GT,1,THEN
            ASEL,S,AREA,,DB(I-1)
            SFADELE,ALL,,CONV
            ESLA,S
            SFEDELE,ALL,ALL,CONV
        *ENDIF
        ALLSEL
    !! 底部的对流条件
        *IF,I,GT,1,THEN
            ASEL,S,AREA,,SHY(1),SHY(I)
            ASEL,A,AREA,,XY(1),XY(I)
            SFADELE,ALL,,CONV
            ESLA,S
            SFEDELE,ALL,ALL,CONV
        *ENDIF
        ALLSEL
        ASEL,S,AREA,,712
        ASEL,A,AREA,,716
        SFEDELE,ALL,ALL,CONV
        ALLSEL
    !! 添加对流边界条件
        !!!! 顶部的对流条件
        ALLSEL,ALL,ALL
        ASEL,S,AREA,,DB(I)
```

```
SHJ=LQ(I)
SFA,ALL,,CONV,1200,TEMP1(SHJ)
ALLSEL
!!!! 底部的对流条件
ASEL,S,AREA,,SHY(1),SHY(I)
ASEL,A,AREA,,XY(1),XY(I)
 SFA,ALL,,CONV,1200,TEMP1(SHJ)
ALLSEL
ASEL,S,AREA,,712
ASEL,A,AREA,,716
 SFA,ALL,,CONV,1200,TEMP1(SHJ)
ALLSEL
!! 激活第 I 层单元
ALLSEL,ALL,ALL
VSEL,S,VOLU,,I+3
ESLV,S
EALIVE,ALL
NSLE,S,ALL
*DO,T,LQ(I),LQ(I),1
!! 加水化热
   *DO,D,1,I,1
       VSEL,S,VOLU,,D+3
       ESLV,S
       SHJ=T-LQ(D)+1
       *IF,D,EQ,1,THEN
          GSH=SRCH(SHJ)
       *ELSEIF,D,GT,1,THEN
          GSH=SR(SHJ)
       *ENDIF
       BFE,ALL,HGEN,,GSH
       ALLSEL
  *ENDDO
!! 计算设置
   TRNOPT,FULL
   LUMPM,0
   TIME,T
   AUTOTS,0
   DELTIM,1,,,1
```

```
        KBC,0
        TSRES,ERASE
        OUTRES,ALL,ALL,
    SOLVE
  * ENDDO
* ENDDO
```

7. 温度场计算结果

如图 5.4～图 5.7 所示为坝体施工期时温度场分布。

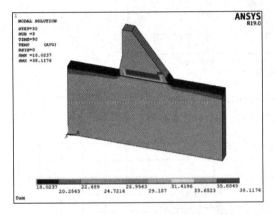

图 5.4　浇筑 30 层（90d）温度分布

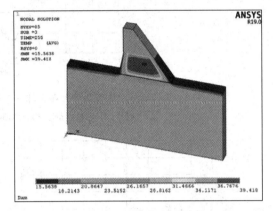

图 5.5　浇筑 85 层（255d）温度分布

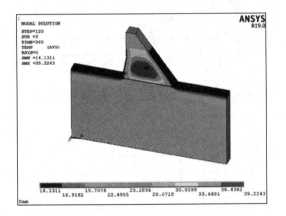

图 5.6　浇筑 120 层（360d）温度分布

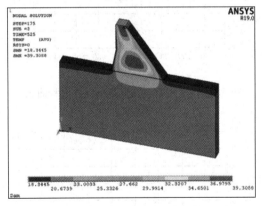

图 5.7　浇筑 175 层（525d）温度分布

从图 5.4～图 5.7 可以看出，整个坝体浇筑过程中存在两个温度集中区域，为坝体下部与坝体顶部。顶部出现温度集中区是由于相对较少的对流散热时间，后续会较快失温，而下部集中区则失温较慢。图 5.8～图 5.12 展示了不同点的温度时程曲线。可以发现，由于大坝上下游的对流条件设置的一致，其温度变化也基本对称。图 5.8 中从上往下曲线依次为 DM，DL，DR。

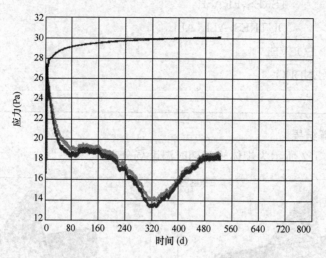

图 5.8 大坝底部三个经典点的温度时程曲线
（DL 为底部左侧；DM 为底部中间；DR 为底部右侧）

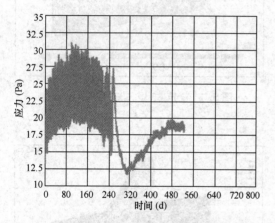

图 5.9 大坝中部最左侧点的温度时程曲线

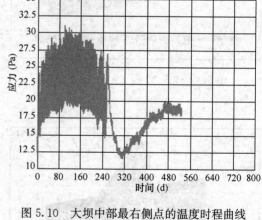

图 5.10 大坝中部最右侧点的温度时程曲线

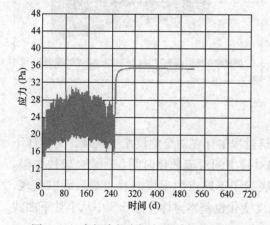

图 5.11 大坝中部中间点的温度时程曲线

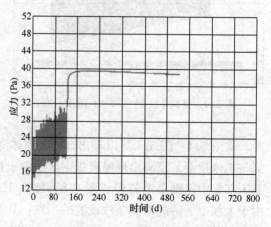

图 5.12 大坝温度集中区中间点的温度时程曲线

5.3.5 应力场计算过程及结果

温度场计算完毕后再次进入前处理进行应力计算。首先重新定义结构单元（SOLID45）进行应力分析。之后基于材料特性计算弹性模量随时间的变化，并设置相关材料参数，具体见表5.3。

应力场材料参数　　　　　　　　表5.3

材料	基岩	常态混凝土	碾压混凝土
弹性模量（GPa）	20	$4.7\ln t+9.02$	$4.7\ln t+7.02$
密度（kg/m³）	2857	2378	2447
泊松比	0.167	0.167	0.167
线膨胀系数（10^{-6}/K）	9	9	9

进入求解模块，设定分析类型。

```
ANTYPE,TRANS           !! 定义瞬态分析
TRNOPT,FULL            !! 定义瞬态分析方法
NROPT,FULL             !! 使用full Newton-Raphson算法—生死单元
```

1. 计算混凝土的弹性模量

混凝土弹性模量随龄期变化的计算公式为[50]：

$$E(t) = \beta E_0(1 - e^{-\phi t}) \tag{5.20}$$

式中：$E(t)$ 为混凝土弹性模量（N/mm²）；E_0 为可以近似地取在标准条件下养护28d时的弹性模量；ϕ 为通过混凝土试验来确定，无相关试验数据时，近似取为0.09；β 为修正系数，以现场试验数据为准，若混凝土原料中无掺合料，则 $\beta=1$。

本模拟中选用如下提前设定弹性模量：

```
ECH(1)=5.5E9
*DO,D,2,80
ECH(D)=(4.7079*LOG(D)+9.0276)*1E9
*ENDDO
*DO,D,81,1000
ECH(D)=2.8*1E10
*ENDDO
E(1)=4.5E9
*DO,D,2,80
E(D)=(4.7079*LOG(D)+7.0276)*1E9
*ENDDO
*DO,D,81,1000
E(D)=2.7*1E10
```

```
* ENDDO
* DO,D,1,1000
DETAECH(D)=ECH(D+1)-ECH(D)
* ENDDO
* DO,D,1,1000
DETAE(D)=E(D+1)-E(D)
* ENDDO
```

2. 施加约束

施加约束，对于底部采取全方向位移约束，对于对称面（大坝横切面）施加 Z 方向上（垂直于横切面方向）的位移约束，对上下游表面施加 X 方向和 Z 方向的位移约束。接着杀死所有坝体，开始进行浇筑过程应力计算。

```
!! ************************底部约束*******************************
ALLSEL
ASEL,S,AREA,,711
ASEL,A,AREA,,713
ASEL,A,AREA,,715
NSLA,S,1
D,ALL,UX,0
D,ALL,UY,0
D,ALL,UZ,0
!! ***********************对称面上的约束****************************
ALLSEL
NSEL,S,LOC,Z,-18.0
D,ALL,UZ,0
!! ************************上下游约束******************************
ALLSEL
ASEL,S,AREA,,357
ASEL,A,AREA,,534
NSLA,S,1
D,ALL,UX,0
D,ALL,UZ,0
```

3. 浇筑过程应力计算

首先杀死坝体，之后逐层激活并判断混凝土的弹性模量是否改变，如若改变则以改变材料类型的方式变更弹性模量。之后施加荷载，类型有水压力、自重、温度作用；后续命令流中虽然设置了水压力 PRESLI = PRES（T），并用"SFGRADE, PRES, 0, Z, PRESLI, -9800"设置了水压力的分布梯度，但因为缺少相关水压资料 PRES（T）并未赋值，计算时水压力为零，仅供参考。温度作用通过读取温度场的计算结果文件".RHT"实现施加。

ALLSEL
!! ************************ 杀死坝体单元 ****************************
ESEL,S,MAT,,1000
ESEL,INVE
EKILL,ALL
*DO,I,1,175
*DO,T,LQ(I),LQ(I)
!! ************************* 激活单元 ******************************
VSEL,S,VOLU,,I+3
ESLV,S
EALIVE,ALL
!! ********************* 判断弹性模量是否改变 **********************
SUM1=0
PANDUAN=DETAECH(1)
*IF,PANDUAN,LT,1,THEN
   SUM1=SUM1+1
*ENDIF
SUM =SUM1
*DO,D,2,I
PANDUAN=DETAE(D)
*IF,PANDUAN,LT,1,THEN
   SUM=SUM+1
*ENDIF
*ENDDO
NN=I-SUM
!! ********************** 改变混凝土弹性模量 ***********************
*DO,D,1,I
SHJ=T-LQ(D)+1
VSEL,S,VOLU,,D+3
ESLV,S
*IF,D,EQ,1,THEN
MPCHG,SHJ,ALL
*ELSE
MPCHG,1000+SHJ,ALL
*ENDIF
ALLSEL
*ENDDO
!! ***************************** 施加荷载 **************************

```
*IF,T,GT,STARXU,AND,T,LT,ENDXU,THEN
PRESLI=PRES(T)
SFGRADE,PRES,0,Z,PRESLI,-9800
ASEL,S,AREA,,SHY(D)
NSLA,S,1
NSEL,R,LOC,Z,ZQIDIAN,ZZHONGDIAN
SF,ALL,PRES,0
*ENDIF
ACEL,,,9.8
LDREAD,TEMP,,,T,,,RTH
!! ***************************计算设置***************************
TIME,T
KBC,0
DELTIM,1
OUTRES,ALL,ALL
AUTOTS,ON
SOLVE
*ENDDO
*ENDDO
SAVE,TP-S,DB
```

4. 读取节点数据

```
!! 进入后处理模块,读取节点计算结果
/POST26
NUMVAR,15,
PLTIME,0,T
XVAR,0
SPREAD,0
PLCPLX,0
ESOL,2,1657,11,S,X,SX-1-1
ESOL,3,1659,918,S,X,SX-1-2
ESOL,4,1662,907,S,X,SX-1-3
ESOL,5,5737,7453,S,X,SX-2-1
ESOL,6,5739,7457,S,X,SX-2-2
ESOL,7,5742,7454,S,X,SX-2-3
STORE,NEW,,
PLVAR,2,3,4,5,6,7,
```

5. 应力场计算结果

图 5.13~图 5.16 为坝体施工期时应力分布及时程曲线。

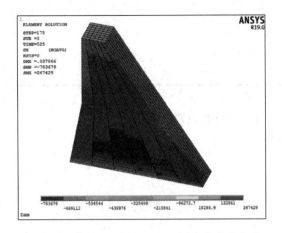

图 5.13　浇筑 175 层（525d）X 方向应力分布

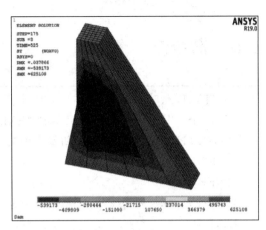

图 5.14　浇筑 175 层（525d）Y 方向应力分布

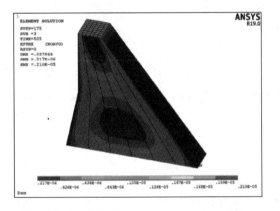

图 5.15　浇筑 175 层（525d）时温度应力分布

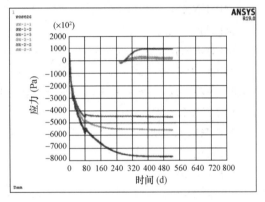

图 5.16　X 方向应力时程曲线

（1-1、1-2、1-3 为坝底下游点，中间点，上游点；
2-1、2-2、2-3 为坝中下游点，中间点，上游点）

虽然由温度场可知其温度是相对对称的，产生的温度应力分布与温度场十分吻合，但由于其他作用力的影响，整体的应力分布依旧出现了变化。取下部温度集中区域的一点展示了其温度应力和温度应变的时程曲线（图 5.17、图 5.18），可以看到应力和应变变化并不完全同步。

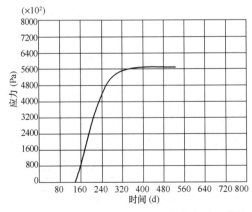

图 5.17　下部集中区中心的温度应力时程曲线

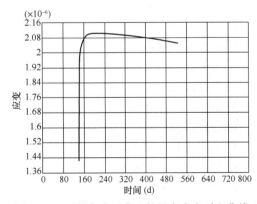

图 5.18　下部集中区中心的温度应变时程曲线

5.4 命令流

```
/TITLE,Dam
/COM,PREFERENCESFORGUIFILTERINGHAVEBEENSETTODISPLAY：
/COM,THERMAL!! 定义分析类型为热分析
/NOPR
/PREP7
!! ************************定义热分析单元************************
ET,1,70
!! ************************定义常态混凝土参数************************
MP,KXX,1,204
MP,HF,1,1200
MP,DENS,1,2378
MP,C,1,0.97
!! ************************定义碾压混凝土参数************************
MP,KXX,2,204
MP,HF,2,1200
MP,DENS,2,2447
MP,C,2,0.97
!! ************************定义基岩参数************************
MP,KXX,3,204
MP,HF,3,1200
MP,DENS,3,2857
MP,C,3,0.77
!! ************************建立模型************************
!! 创建关键点
K,1,0.0,0.0,0.0
K,2,40,0.0,0.0
K,3,130,0.0,0.0
K,4,170,0.0,0.0
K,5,0.0,40,0.0
K,6,40,40,0.0
K,7,130,40,0.0
K,8,170,40,0.0
K,9,0.0,0.0,−18.0
K,10,40,0.0,−18.0
K,11,130,0.0,−18.0
K,12,170,0.0,−18.0
```

```
K,13,0.0,40,-18.0
K,14,40,40,-18.0
K,15,130,40,-18.0
K,16,170,40,-18.0
*DO,I,1,85,1
K,,(160+40+0.5*I)/5,40+0.5*I,0.0
*ENDDO
*DO,I,1,90,1
K,,48.5,82.5+I*0.5,0.0
*ENDDO
*DO,I,1,175
K,,(212.65625-40-I*0.5)/1.328125,40+I*0.5,0.0
*ENDDO
*DO,I,1,85,1
K,,(160+40+0.5*I)/5,40+0.5*I,-18.0
*ENDDO
*DO,I,1,90,1
K,,48.5,82.5+I*0.5,-18.0
*ENDDO
*DO,I,1,175
K,,(212.65625-40-I*0.5)/1.328125,40+I*0.5,-18.0
*ENDDO
!!创建线
L,1,2
L,2,3
L,3,4
L,1,5
L,2,6
L,3,7
L,4,8
L,5,6
L,6,7
L,7,8
L,6,17
*DO,I,1,174
L,I+16,I+17
*ENDDO
L,7,192
*DO,I,1,174
L,I+191,I+192
```

```
*ENDDO
*DO,I,1,175
L,I+16,I+191
*ENDDO
L,9,10
L,10,11
L,11,12
L,9,13
L,10,14
L,11,15
L,12,16
L,13,14
L,14,15
L,15,16
L,14,367
*DO,I,1,174
L,I+366,I+367
*ENDDO
L,15,542
*DO,I,1,174
L,I+541,I+542
*ENDDO
*DO,I,1,175
L,I+366,I+541
*ENDDO
L,1,9
L,5,13
L,2,10
L,6,14
*DO,I,1,175
L,I+16,I+366
*ENDDO
L,4,12
L,8,16
L,3,11
L,7,15
*DO,I,1,175
L,I+191,I+541
*ENDDO
!! 创建面
```

AL,1,4,8,5
AL,2,5,9,6
AL,3,6,10,7
AL,9,11,361,186
*DO,I,1,174
AL,11+I,360+I,186+I,361+I
*ENDDO
*DO,I,1,3
AL,538+I,535+I,539+I,542+I
*ENDDO
AL,546,896,721,544
*DO,I,1,174
AL,I+546,I+895,I+721,I+896
*ENDDO
AL,4,1072,539,1071
AL,5,1074,540,1073
*DO,I,1,175
AL,I+10,I+1073,I+545,I+1074
*ENDDO
AL,7,1250,542,1251
AL,6,1252,541,1253
*DO,I,1,175
AL,1252+I,I+720,I+1253,I+185
*ENDDO
AL,1,1071,536,1073
AL,8,1072,543,1074
AL,2,1073,537,1252
AL,9,1074,544,1253
AL,3,1252,538,1250
AL,10,1253,545,1251
*DO,I,1,175
AL,I+360,I+1253,I+895,I+1074
*ENDDO
!!创建坝体
VA,1,357,179,358,712,711
VA,2,358,180,535,714,713
VA,3,535,181,534,716,715
VA,4,359,182,536,714,717
*DO,I,1,174
VA,I+4,I+359,I+182,I+536,I+716,I+717

```
*ENDDO
!! ***************************赋予材料***************************
VSEL,S,VOLU,,1,3!!岩石
VATT,3
VSEL,S,VOLU,,4!!常态混凝土
VATT,1
VSEL,S,VOLU,,5,178!!碾压混凝土
VATT,2
ALLSEL
!! ***************************网格划分***************************
!! 对线进行划分
LSEL,S,LINE,,1250,1428
LSEL,A,LINE,,1071,1249
LESIZE,ALL,,,8
ALLSEL
LSEL,S,LINE,,2
LSEL,A,LINE,,9
LSEL,A,LINE,,361,535
LSEL,A,LINE,,896,1070
LESIZE,ALL,,,6
ALLSEL
LSEL,S,LINE,,186,360
LSEL,A,LINE,,11,185
LSEL,A,LINE,,546,720
LSEL,A,LINE,,721,895
LESIZE,ALL,,,1
ALLSEL
!! 分网格
MSHAPE,0,3DMSHKEY,2
VMESH,ALL
!! 合并及编号压缩
NODEELEMKPMATTYPEREALCPCEALL
NODEELEMKPLINEAREAVOLUMATTYPEREALCPCEALL
!! ********************修改显示颜色并存盘*********************
ESEL,S,MAT,,1
/COLOR,ELEM,RED
ESEL,S,MAT,,2
/COLOR,ELEM,BlUE
ESEL,S,MAT,,3
/COLOR,ELEM,ORANGE
```

```
SAVE,DB-MODEL-3D
FINISH
!! ************************分析求解设置***************************
/SOLU
ANTYPE,4
TRNOPT,FULL
NROPT,FULL
!! ****************************定义数组***************************
*DIM,TT1,ARRAY,800,1
*DIM,TT2,ARRAY,800,1
*DIM,VOL,ARRAY,1000
*DIM,LQ,ARRAY,800
*DIM,SRCH,ARRAY,1000
*DIM,SR,ARRAY,800
*DIM,TAIR,ARRAY,1000
*DIM,TEMP1,ARRAY,1000
*DIM,SHY,ARRAY,1000
*DIM,XY,ARRAY,1000
*DIM,DB,ARRAY,1000
*DIM,JZWD,ARRAY,1000
*DIM,ECH,ARRAY,1200
*DIM,E,ARRAY,1200
*DIM,DETAECH,ARRAY,1000
*DIM,DETAE,ARRAY,1000
*DIM,LAYMAT,ARRAY,1000,10
*DO,I,1,300
LAYMAT(I,1)=0
*ENDDO
ECH(1)=5.5E9
*DO,I,2,80
ECH(I)=(4.7079*LOG(I)+9.0276)*1E9
*ENDDO
*DO,I,81,1000
ECH(I)=2.8*1E10
*ENDDO
E(1)=4.5E9
*DO,I,2,80
E(I)=(4.7079*LOG(I)+7.0276)*1E9
*ENDDO
*DO,I,81,1000
```

```
E(I)=2.7*1E10
*ENDDO
*DO,I,1,1000
DETAECH(I)=ECH(I+1)-ECH(I)
*ENDDO
*DO,I,1,1000
DETAE(I)=E(I+1)-E(I)
*ENDDO
*DO,I,1,175
DB(I)=716+I
*ENDDO
!! ********************定义上下游的面号,与层号相连********************
*DO,I,1,175
SHY(I)=359+I
*ENDDO
*DO,I,1,175
XY(I)=536+I
*ENDDO
!! ************************输入随机气温资料************************
TAIR(1)=16.7,17.5,18.1,14.6,14.5,15.2,15.7,16.1,16.6,17.3
TAIR(11)=17.9,16.8,16.7,16.6,18.7,17.5,17.3,18.3,17.9,17.9
TAIR(21)=17.7,17.9,17.3,19.3,19.5,19.1,20.1,18.0,17.6,17.2
TAIR(31)=20.1,16.9,17.4,19.1,19.0,19.7,18.4,18.9,20.1,20.3
TAIR(41)=20.3,21.7,21.0,20.1,19.3,23.1,21.8,22.2,23.5,20.3
TAIR(51)=20.7,21.8,19.4,19.3,20.0,20.5,21.3,21.6,21.6,21.6
TAIR(61)=22.0,21.9,22.4,22.8,22.6,21.6,15.9,16.0,17.1,20.3
TAIR(71)=21.0,22.2,22.5,22.8,23.6,22.8,24.0,22.8,22.2,23.5
TAIR(81)=23.4,22.2,21.8,22.6,22.3,21.9,23.2,24.1,25.4,25.0
TAIR(91)=21.8,22.6,24.9,24.6,22.9,23.2,24.4,25.5,26.2,23.8
TAIR(101)=23.7,23.1,21.9,23.9,24.9,25.7,25.9,25.9,26.9,27.4
TAIR(111)=27.4,26.7,25.8,25.2,25.1,26.0,25.8,24.0,25.8,26.4
TAIR(121)=25.1,26.7,25.8,24.4,24.2,26.0,24.9,25.2,24.7,26.3
TAIR(131)=24.4,25.1,25.0,27.4,25.9,25.5,25.3,25.9,24.9,27.3
TAIR(141)=28.3,27.0,27.5,26.7,25.9,24.9,25.2,25.8,27.2,25.9
TAIR(151)=27.8,28.6,27.3,27.4,26.9,26.6,28.4,29.0,29.7,27.8
TAIR(161)=27.0,28.6,28.9,28.6,28.3,26.6,26.7,26.8,26.0,27.5
TAIR(171)=27.7,28.2,29.2,29.1,27.4,26.0,26.2,27.3,27.8,27.8
TAIR(181)=28.6,28.7,28.6,28.4,28.1,27.4,28.3,28.4,27.0,27.0
TAIR(191)=26.5,26.0,27.7,27.3,28.0,27.6,27.8,27.6,25.9,26.9
TAIR(201)=26.8,27.0,27.4,27.6,26.8,26.5,26.6,27.8,28.2,28.0
```

```
TAIR(211)=26.6,26.1,27.8,27.4,27.9,28.1,28.7,28.0,27.8,26.3
TAIR(221)=25.4,25.8,26.0,27.6,26.5,26.1,25.7,24.5,24.5,24.8
TAIR(231)=25.5,26.5,26.9,26.9,27.8,26.3,26.5,26.7,27.1,26.9
TAIR(241)=26.3,26.4,26.4,26.8,26.1,25.4,26.8,26.9,26.6,26.1
TAIR(251)=26.2,26.9,27.1,26.8,26.0,25.7,25.8,25.6,26.3,25.8
TAIR(261)=26.3,25.9,24.5,24.7,24.2,25.1,25.4,25.3,26.0,25.2
TAIR(271)=25.8,25.2,24.5,25.5,26.3,23.8,20.9,20.1,20.2,20.7
TAIR(281)=20.5,22.3,22.8,23.0,24.2,23.6,25.2,24.7,25.1,25.7
TAIR(291)=25.8,26.3,26.8,24.2,23.3,23.6,23.8,24.5,24.5,25.5
TAIR(301)=22.9,22.8,21.0,18.0,19.6,19.7,19.4,20.0,19.7,20.1
TAIR(311)=20.9,23.1,22.8,23.6,23.1,20.9,20.1,21.8,21.6,21.8
TAIR(321)=22.7,21.2,21.7,20.9,21.2,17.9,17.7,20.0,21.9,24.2
TAIR(331)=23.7,21.5,20.3,19.0,20.1,19.7,19.6,20.5,19.3,17.1
TAIR(341)=19.6,18.8,17.0,18.9,19.8,19.7,21.2,20.5,18.7,17.2
TAIR(351)=16.3,16.2,16.5,16.2,17.7,19.6,17.3,16.1,18.5,18.1
!! 三月开始浇筑
*DO,D,1,720
KK=60+D
*IF,KK,LE,360,THEN
TU=TAIR(60+D)
TEMP1(D)=TU
*ELSEIF,KK,GT,360,AND,KK,LE,720,THEN
TU=TAIR(KK-360)
TEMP1(D)=TU
*ELSEIF,KK,GT,720,THEN
TU=TAIR(KK-720)
TEMP1(D)=TU
*ENDIF
*ENDDO
!! *****************浇筑方案,每3d浇1层,将方案与龄期结合*************
SUM=1
*DO,I,1,175,1
*DO,II,I,I+2
LQ(M)=II+(SUM-1)*2
*ENDDO
SUM=SUM+1
*ENDDO
!! *********************计算常态混凝土的发热量**********************
SRCH(1)=23651.89
*DO,D,2,720
```

```
TP1=270.4*D/(1.12+D)
TP2=270.4*(D-1)/(1.12+D-1)
SRCH(D)=(TP1-TP2)*183
*ENDDO
!! *******************计算碾压混凝土发热量*************************
SR(1)=17680.94
*DO,D,2,720
TTP1=206.33*D/(1.07+D)
TTP2=206.33*(D-1)/(1.07+D-1)
SR(D)=(TTP1-TTP2)*173
*ENDDO
!! ********************边界条件及计算设置***********************
!! 加岩石的初温
ALLSEL,ALL
LSCLEAR,ALL
VSEL,S,MAT,,3
ESLV,S
NSLE,S,ALL
IC,ALL,TEMP,22.8
!! 加岩石的绝热边界条件
ALLSEL,ALL
ASEL,S,AREA,,1,3,1
ASEL,A,AREA,,179,181,1
ASEL,A,AREA,,711
ASEL,A,AREA,,713
ASEL,A,AREA,,715
ASEL,A,AREA,,357
ASEL,A,AREA,,534
NSLA,S,1
SF,ALL,HFLUX,0
ALLSEL
*DO,I,1,175
VSEL,S,VOLU,,I+3
NSLV,S,1
IC,ALL,TEMP,16
ALLSEL
*ENDDO
!! 加坝体第1层初始条件
ALLSEL,ALL
ESEL,S,MAT,,1
```

```
ESEL,A,MAT,,2
EKILL,ALL!! 杀死坝体单元
!! 每激活一层坝体将上一层所施加的对流条件删除,施加新的对流体条件
*DO,I,1,175,1
!! 删除对流边界条件
/SOLU
ALLSEL,ALL,ALL
!! 顶部的对流条件
*IF,I,GT,1,THEN
ASEL,S,AREA,,DB(I-1)
SFADELE,ALL,,CONV
ESLA,S
SFEDELE,ALL,ALL,CONV
*ENDIF
ALLSEL
!! 底部的对流条件
*IF,M,GT,1,THEN
ASEL,S,AREA,,SHY(1),SHY(I)
ASEL,A,AREA,,XY(1),XY(I)
SFADELE,ALL,,CONV
ESLA,S
SFEDELE,ALL,ALL,CONV
*ENDIF
ALLSEL
ASEL,S,AREA,,712
ASEL,A,AREA,,716
SFEDELE,ALL,ALL,CONV
ALLSEL
!! 添加对流边界条件
ALLSEL,ALL,ALL
ASEL,S,AREA,,DB(I)
SHJ=LQ(I)
SFA,ALL,,CONV,1200,TEMP1(SHJ)
ALLSEL
!!!! 底部的对流条件
ASEL,S,AREA,,SHY(1),SHY(I)
ASEL,A,AREA,,XY(1),XY(I)
SFA,ALL,,CONV,1200,TEMP1(SHJ)
ALLSEL
ASEL,S,AREA,,712
```

```
ASEL,A,AREA,,716
SFA,ALL,,CONV,1200,TEMP1(SHJ)
ALLSEL
!! 激活第I层单元
ALLSEL,ALL,ALL
VSEL,S,VOLU,,I+3
ESLV,S
EALIVE,ALL
NSLE,S,ALL
*DO,T,LQ(I),LQ(I),1
!! 加水化热
*DO,D,1,I,1
VSEL,S,VOLU,,D+3
ESLV,S
SHJ=T-LQ(D)+1
*IF,D,EQ,1,THEN
GSH=SRCH(SHJ)
*ELSEIF,D,GT,1,THEN
GSH=SR(SHJ)
*ENDIF
BFE,ALL,HGEN,,GSH
ALLSEL
*ENDDO
TRNOPT,FULL
LUMPM,0
TIME,T
AUTOTS,0
DELTIM,1,,,1
KBC,0
TSRES,ERASE
OUTRES,ALL,ALL,
SOLVE
*ENDDO
*ENDDO
SAVE,TEMP-3D,DB
FINISH
!! *********************温度场计算完毕后进行应力场计算******************
/PREP7
!! **************************定义结构单元***************************
ET,1,SOLID45
```

```
ET,2,SOLID45
ET,3,SOLID45
!! *******************定义基岩属性************************
MP,EX,3000,2.0E10
MP,ALPX,3000,0.9E-7
MP,DENS,3000,2857
MP,PRXY,3000,0.167
MP,REFT,3000,16
VSEL,S,VOLU,,1,3
ESLV,S
EMODIF,ALL,MAT,3000
ALLSEL
!! *******************定义常态混凝土属性********************
*DO,D,1,1000
MP,EX,D,ECH(D)
MP,EY,D,ECH(D)
MP,EZ,D,ECH(D)
MP,ALPX,D,0.9E-7
MP,DENS,D,2378
MP,PRXY,D,0.167
MP,REFT,D,16
*ENDDO
!! *******************定义碾压混凝土属性********************
*DO,D,1001,2000
MP,EX,D,E(D-1000)
MP,EY,D,E(D-1000)
MP,EZ,D,E(D-1000)
MP,ALPX,D,0.9E-7
MP,DENS,D,2447
MP,PRXY,D,0.167
MP,REFT,D,16
*ENDDO
!! *******************分析求解设置************************
/SOLU
ANTYPE,TRANS
TRNOPT,FULL
NROPT,FULL
!! *******************边界条件以及计算********************
ALLSEL
ASEL,S,AREA,,711
```

```
ASEL,A,AREA,,713
ASEL,A,AREA,,715
NSLA,S,1
D,ALL,UX,0!! 底部约束
D,ALL,UY,0
D,ALL,UZ,0
ALLSEL
NSEL,S,LOC,Z,-18.0!! 对流层
D,ALL,UZ,0!! 对称面上的约束
ALLSEL
ASEL,S,AREA,,357
ASEL,A,AREA,,534
NSLA,S,1
D,ALL,UX,0!! 上下游约束
D,ALL,UZ,0
ALLSEL
!! 杀死坝体单元
ESEL,S,MAT,,1000
ESEL,INVE
EKILL,ALL
*DO,I,1,175
*DO,T,LQ(I),LQ(I)
!! 激活单元
VSEL,S,VOLU,,I+3
ESLV,S
EALIVE,ALL
!! 判断弹模是否改变
SUM1=0
PANDUAN=DETAECH(1)
*IF,PANDUAN,LT,1,THEN
SUM1=SUM1+1
*ENDIF
SUM=SUM1
*DO,D,2,I
PANDUAN=DETAE(D)
*IF,PANDUAN,LT,1,THEN
SUM=SUM+1
*ENDIF
*ENDDO
NN=I-SUM
```

```
!! 改变混凝土弹性模量
*DO,D,1,I
SHJ=T-LQ(D)+1
VSEL,S,VOLU,,D+3
ESLV,S
*IF,D,EQ,1,THEN
MPCHG,SHJ,ALL
*ELSE
MPCHG,1000+SHJ,ALL
*ENDIF
ALLSEL
*ENDDO
!! **************************施加荷载**************************
*IF,T,GT,STARXU,AND,T,LT,ENDXU,THEN
PRESLI=PRES(T)!! 水压力随时间变化
SFGRADE,PRES,0,Z,PRESLI,-9800
ASEL,S,AREA,,SHY(D)
NSLA,S,1
NSEL,R,LOC,Z,ZQIDIAN,ZZHONGDIAN
SF,ALL,PRES,0
*ENDIF
ACEL,,,9.8!! 重力加速度
LDREAD,TEMP,,,T,,,RTH!! 温度作用
!! 计算设置
TIME,T
KBC,0
DELTIM,1
OUTRES,ALL,ALL
AUTOTS,ON
SOLVE
*ENDDO
*ENDDO
!! 计算结果存盘
SAVE,TP-S,DB
!! **************************后处理**************************
/POST26
NUMVAR,15,
PLTIME,0,T
XVAR,0
SPREAD,0
```

```
PLCPLX,0
ESOL,2,1657,11,S,X,SX-1-1
ESOL,3,1659,918,S,X,SX-1-2
ESOL,4,1662,907,S,X,SX-1-3
ESOL,5,5737,7453,S,X,SX-2-1
ESOL,6,5739,7457,S,X,SX-2-2
ESOL,7,5742,7454,S,X,SX-2-3
STORE,NEW,,
PLVAR,2,3,4,5,6,7
```

6 土石坝渗流分析

6.1 概述

土石坝由于结构简单、原材料易获取、适应性强等特点已成为水利工程中应用最广泛的坝型之一,其安全与质量不仅受到水文条件和工程地质的影响,同时也受到复杂施工过程的影响。渗流与土石坝的安全运行存在着紧密的联系[110]。如果土石坝建成后出现渗流量过大、渗流不稳定或者水力梯度超过规范值等现象,便会产生对结构不利的孔隙水压力和渗透压力,轻则发生坝体、坝基渗漏和坝坡滑动,重则引发管涌、流土等渗透破坏,更严重则会导致土石坝溃坝等重大危险[111]。渗流问题引起的溃坝事故在世界上并不少见,例如,1976 年在美国发生的 Teton 土坝失事[112]、1993 年在我国发生的沟后水库失事[113]以及 2005 年在我国发生的英德尔水库垮坝[114]等。根据溃坝资料统计分析可知:各类渗流问题作为溃坝原因的占比达到了 30.36%,其中失事坝型中土石坝所占的比例高达 90%[115]。由此可知,渗流是影响土石坝工程安全运行的重要因素之一。

渗流分析是水利工程中一个非常重要的问题,如土石坝工程、厂房基础工程堤防工程、隧洞工程等都会涉及地下水渗流问题,而且经常要求考虑渗流孔隙水压力对结构稳定性的影响,也就是渗流与结构的耦合计算问题。从理论上来讲,地下水渗流和热传导遵循完全相同的微分方程,二者的参量一一对应。有限元软件 ANSYS 提供了强大的热分析功能[116]。

ANSYS 的热分析模块完全可以完成渗流分析。当然,渗流有其特殊之处,如浸润线的搜索以及渗流溢出点的确定,这就需要我们探讨合适的方案来有效利用 ANSYS 的热分析模块进行渗流分析。

6.2 计算原理

6.2.1 渗流分析计算方法

在渗流计算中,需要的方程主要包括两大类:基本方程和物性方程。基本方程主要包括的就是运动方程、连续性方程以及在非等温渗流下的能量方程;物性方程主要包括状态方程和本构方程。

运动方程也就是达西(Darcy)定律[117],基本公式如下:

$$v = \frac{Q}{A} = -k\frac{dh}{dS} = kJ \tag{6.1}$$

式中:v 为横断面上的平均流速;Q 为渗流量;k 为渗透系数;J 为渗透坡降。

达西定律说明：渗透流速和渗透坡降呈线性关系，并且通常仅在层流运动中适用。后续多种渗流方程均是在达西定律的基础上推导衍生出来的。

从达西定律可以看出，一个方程中有两个未知数 v 和 h，故仍需另一个方程来求解，即连续性方程。式（6.2）为不可压缩性流体在介质中的渗流连续性方程。

$$\frac{\partial v_x}{\partial x} + \frac{\partial v_y}{\partial y} + \frac{\partial v_z}{\partial z} = 0 \tag{6.2}$$

将达西定律推广到三维渗流时，就可以得到渗流的基本微分方程。

（1）稳定渗流情况下的基本微分方程为：

$$\frac{\partial^2 h}{\partial x^2} + \frac{\partial^2 h}{\partial y^2} + \frac{\partial^2 h}{\partial z^2} = 0 \tag{6.3}$$

上述方程也是数学领域的拉普拉斯方程，由此可见，在符合渗流达西定律的前提下，当不考虑骨架变形和流体压缩性时，渗流问题就转化为求解拉普拉斯方程的问题[118]。

（2）非稳定渗流计算的基本微分方程为：

$$\frac{\partial^2 h}{\partial x^2} + \frac{\partial^2 h}{\partial y^2} + \frac{\partial^2 h}{\partial z^2} = \frac{S_s}{k} \frac{\partial h}{\partial t} \tag{6.4}$$

渗流问题的解法有：解析法（包括直接求解微分方程组平面问题的复变函数解及一维渐变渗流的分析法）、数值法（有限差分法[119-120]、有限单元法[121-124]、边界元法[125]等）、图解法（流网法[126]）及试验法（包括砂模型及各种比拟模型——电比拟、热比拟[127]等）。有限单元法是目前数值计算最为有效的一种方法，有限单元法在模拟曲线边界和各向异性渗透介质方面比有限差分法具有更大的灵活性。

从理论上来讲，地下水渗流和热传导遵循完全相同的微分方程，二者的参量——对应[128]。有限元软件 ANSYS 提供了强大的热分析功能，利用 ANSYS 的热分析功能热分析模块完全可以完成渗流分析。下面分别从理论基础及定解条件方面来分别证明[129-130]。

（1）理论基础

据渗流基本理论知识，多孔介质满足达西定律。对应稳态热传导方程：

$$Q_r = A k_r \frac{dT}{dn} \text{ 或 } q = \frac{Q_r}{A} = -k_r \frac{dT}{dn} \tag{6.5}$$

式中：Q_r 为热（流）量；A 为断面面积；k_r 为热传导系数；dT/dn 为温度场梯度值；q 为热传导热流密度。

（2）定解条件

边界条件原则上可区分为流场的几何边界形状位置与边界上起支配作用的条件。从描述流动的数学模型来看，边界条件有下面三类。渗流边界示意图如图 6.1 所示。

其渗流边界条件以及对应的热分析边界条件为：

AE 边界（常水头）：$H = H_1$（温度边界） (6.6)

CD 边界（常水头）：$H = H_2$（温度边界） (6.7)

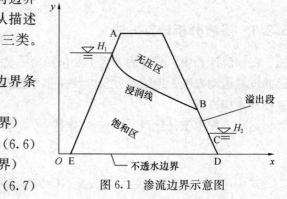

图 6.1 渗流边界示意图

$$\text{DE 边界（不透水）}: k_x \frac{\partial H}{\partial x} n_x + k_y \frac{\partial H}{\partial y} n_y = 0 \text{（绝热边界）} \tag{6.8}$$

$$\text{BC 边界（溢出）}: H = y \text{（温度边界）} \tag{6.9}$$

$$\text{AB 边界（浸润线）}: H = y \text{（温度边界）} \tag{6.10}$$

$$k_x \frac{\partial H}{\partial x} n_x + k_y \frac{\partial H}{\partial y} n_y = 0 \text{（绝热边界）} \tag{6.11}$$

上面的是平面渗流方程，对于空间渗流问题，只需要将方程再扩展一维就可以计算空间渗流问题。

由以上分析可知，渗流场和温度场在原理上是一致的，渗流场中土体介质、渗透系数、总水头、已知水头分布，分别与温度场中温度场介质、热传导系数、温度、边界条件相对应[129]。这就说明可以用软件热模块来进行渗流分析[131]。渗流场和温度场中的一些参数对比见表 6.1。

温度场和渗流场主要参数对应关系　　　　表 6.1

渗流场			温度场		
项目	符号	单位	项目	符号	单位
水头	h_w	m	温度	T	℃
水量	V	m^3	热量	W	J
水流量	Q_w	m^3/s	热流量	Q	J/s
渗流速度	v	m/s	热流密度	q	W/m^3
渗透系数	k	m/s	导热系数	λ	W/(m·℃)
比水容度	c	1/m	比热系数×密度	$\rho c'$	J/(m^3·℃)

另外与热传导问题相比，具有自由表面（浸润线）的渗流场（无压渗流）问题有其特殊性。浸润线是渗流场的一条边界，需要满足边界条件，但浸润线的位置（图 6.1 中的自由水面线 AB）却是事先不知道的，必须在求解中确定，这就需要采用适当的方法，通过迭代来得到浸润线。

6.2.2　浸润线确定方法

在使用有限元法计算物理问题时，需满足计算区域的边界是完全确定的。然而，在土石坝渗流分析中，渗流自由面的位置恰恰是无法确定的。因此，渗流自由面位置的确定是渗流计算的重要内容。利用 ANSYS 软件进行渗流计算的方法，根据计算原理可以分为三种：第一种是用 ANSYS 的生死单元功能求解渗流的浸润线，第二种是采用 ANSYS 的优化功能确定浸润线，第三种是采用固定网格的修正渗透系数法求解。

1. ANSYS 的生死单元功能

单元的生死是指分析过程中，模型中某些单元可以变得存在或消失。如果模型中加入（或删除）材料，模型中相应的单元就"存在"（或"消失"）。单元生死选项就用于在这种情况下杀死或重新激活选择的单元。要激活"单元死"的效果，ANSYS 程序并不是将"杀死"的单元从模型中删除，而是将其刚度（或传导，或其他分析特性）矩阵乘以一个很小的因子[132]。

在利用 ANSYS 计算坝体的浸润线时,首先需假定浸润线的位置和逸出点,再施加边界条件和载荷进行渗流计算。在求解过程中,利用 ANSYS 的生死单元,将处于浸润线上的单元"杀死",只"激活"处于浸润线下的单元,并根据计算结果反复修正单元的生死重新计算,直到计算精度达到要求[133]。对于被浸润线穿过的单元,浸润线以上的部分在下一次计算中不再参与计算,浸润线以下作为渗流计算区域。计算步骤如下[134]:

(1) 首先假设浸润线逸出点与上游水位同高,定义下游面各点总水头值 H 与各点的 Y 坐标值相等,然后施加边界条件约束和荷载,进行计算;

(2) 通过列表 (List Results) 功能,查看各单元节点的水头值 H,然后比较各点的水头值 H 与 Y 坐标值,当 Y 比 H 大时,那么这个节点就位于浸润线的上方,我们就把该单元删掉,并且删掉所有 Y 大于 H 的所有单元;

(3) 调整假设浸润线逸出点位置,重新分析渗流,直到各节点的水头变化很小,即前后两次计算出的水头误差在允许精度内;

(4) 进入通用后处理程序 (POST1),利用单元列表 (Element Table) 的功能计算渗透压 $P=H-Y$,$P=0$ 的那条等值线即为浸润线。

由上述计算步骤可知,若采用人机交互式操作,需要反复进行大量重复操作,一方面不胜其烦,另一方面也容易出错。所以本书采用 ANSYS 提供的参数化设计语言 (APDL) 进行编程来求解,大大简化了操作分析过程。

2. ANSYS 优化功能

这种方法的做法就是将位于浸润线上的 n 个点 (x_i,y_i) 的位置水头作为优化参数,以一条假定的直线浸润线作为初始设计,将浸润线作为绝热边界处理,考虑除浸润线外的所有边界条件,以浸润线上 n 个设定点作为目标函数来进行优化计算,程序会在优化计算中不断调整 y_i 的值使得最终优化的结果 $H_i=y_i$,从而得到满足控制方程以及所有边界条件的浸润线。

优化方法概念比较明确但只能适用于简单的情况,比如二维渗流分析。由于优化方法需要在计算过程中不断地调整几何模型并重分网格,对于复杂的三维渗流场来说,是很困难的,而且要比较好地描述一个三维的浸润面,需要有很多点,也就是说要定义很多的优化参数。所以,对于空间渗流问题如果继续用优化方法计算处理步骤就会非常复杂[135]。

3. 固定网格修正系数法

固定网格修正渗透系数法基本思路是如下:浸润线实际上是渗流区域的一条不透水边界,也就是说,透过浸润线的渗流量为0,从这个意义上讲,如果我们建立包括了浸润线以上的无压区整体有限元模型,而将无压区的渗透系数设置为近似不透水(比如仅为饱和区渗透系数的千分之一),则在给定其他边界条件后对这个模型进行热分析后,绝热边界就是浸润线近似位置,这是因为浸润线以上的渗透系数很小,透过交界线的流量可以忽略不计。而整个区域内的压力水头 H_p 的分布为[136]:

饱和区:$H_p>0$

浸润线:$H_p=0$

无压区:$H_p<0$

如果能够找出无压区范围,就可以增大该区的渗透系数,从而得到符合实际的渗流分布。上面提到的整个区域内的压力水头 H_p 分布为我们搜寻无压区提供了依据,即:无压

区的压力水头 $H_p < 0$。可以在计算过程中将 $H_p < 0$ 的区域的单元渗透系数降低进行迭代计算，一直迭代到负压区单元数稳定为止。由于这种算法网格固定，只需修改渗透系数。因此，可称为固定网格修正渗透系数法，它的优点就是对于二、三维问题都适用，二者处理的复杂程度没有本质的不同，并且计算速度快，不需要太多的迭代就可得到结果[137]。

6.2.3 计算流程

使用 ANSYS 进行土石坝渗流过程的计算通常涉及建立合适的有限元模型和定义渗流边界条件。一般步骤如下：

（1）收集土石坝的几何信息和材料参数数据。首先，要了解坝体的几何信息：坝高、坝宽、上下游水深、上下游坝坡坡率，还应该考虑坝的横截面形状和坝体的整体几何特征。了解土壤材料参数：渗透系数（也称为水力导度）、孔隙度和饱和度。如果土石坝由多个土壤层组成，需要了解每个土壤层的渗透性参数和孔隙度，以便建立准确的模型。如果土壤处于非饱和状态，还需要了解非饱和土壤的参数，如吸力曲线、剪切强度参数等。材料参数信息还与定义边界条件密切相关，需要明确土石坝与周围环境之间的关系，包括边界上的水头和水平渗流条件。

（2）建立模型及定义材料属性。根据已有大坝数据信息，通过先点后线再面的方式建立大坝断面模型，然后定义不同土壤层材料属性参数。

（3）网格划分。坝体模型建立后，为了后续的计算，必须对模型划分网格，ANSYS 的网格划分有自由网格和映射网格，划分类型有 2D 和 3D 两种，2D 结构包括四边形网格和三角形网格，3D 结构包括六面体和角椎体。当模型结构规则时可应用映射网格，不规则模型大多应用自由网格，自由网格虽然简便，但计算结果容易出现较大误差，因本书所建为二维有限元模型，且经过切割以后，模型大多数被切割为四边形，所以采用的是映射网格划分。热分析涉及的单元有大约 40 种，其中纯粹用于热分析的有 14 种，本书主要使用以下的单元类型：

① 二维实体：PLANE55　　四节点四边形单元或三角形单元
② 三维实体：SOLID70　　　八节点六面体单元

（4）施加荷载和边界条件。设置渗透性条件和边界条件，通常包括水头、渗透系数、边界水平和垂直渗流等信息。

（5）求解渗流问题。ANSYS 具有强大的后处理功能，根据得到的初始解，求出派生解。对于热分析模块来说，在求出各节点的温度值后，ANSYS 的后处理器就可以求出节点及单元的热流密度节点及单元的热梯度、单元热流率、节点的反作用热流率等。

浸润线求解步骤。固定网格修正系数法求解浸润线的主要步骤为[92]：

① 假定全区域均为饱和区，即 $H(x,y,z) \geqslant y$，各节点渗透系数均为饱和渗透系数，进行初次渗流迭代计算。初次渗流计算完成后，通过比较节点水头 $H(x,y,z)$ 与节点坐标 y 值的大小，将区域分为饱和区与无压区，无压区即浸润面以上的区域，将无压区所有节点的渗透系数降低 1000 倍，进入下次迭代计算。通过不断更新无压区并改变其渗透系数大小，寻找浸润线位置，当无压区节点数量小于控制收敛精度时，得到满足收敛精度下的稳态饱和渗流计算结果。

② 渗透比降的计算。渗流比降对应于节点和单元的热梯度，对于某些节点比如逸出

点、坝基表面上的点，要想得到它们的渗流比降，具体步骤是：先利用 PATH、PPATH 命令拾取节点定义路径，然后用 PDEF、TG、SUM、AVG 命令沿路径插值渗透比降，最后用 PLPATH 命令就能查看沿该路径渗透比降变化分布图。

③ 渗流量的计算。利用有限单元法求解渗流量，目前常用的方法有两种：一是计算单元某一条边的流量，二是计算通过单元二边长中点连线的流量，称为中线法。本书采用第一种方法计算渗流量。取任意二边界之间的一排单元的边为过流断面，然后利用命令 PRRSOL、HEAT 和 FSUM 即可求出通过该断面的渗流量。

6.3 土石坝渗流分析算例

6.3.1 基本情况

这是一个二维的渗流算例，如图 6.2 所示，该土坝为高 18m 的均质土坝，坝顶宽度为 6m，上游水深 15m，下游水深为无水状态。上下游坝坡坡率

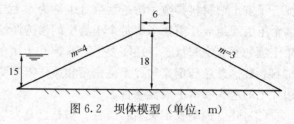

图 6.2 坝体模型（单位：m）

(m) 分别为 4 和 3，上游水位为 $H=15.0$m，下游水位为 $H=0$，底面为不透水边界，坝体填土的渗透系数 $k=10^{-8}$m/s，计算坝体的渗流场。

6.3.2 建立模型

1. 创建物理环境

（1）在"开始"菜单中依次执行"所有程序＞ANSYS17.0＞ANSYS Product Launcher"菜单命令，打开"ANSYS17.0 Product Launcher"对话框。在"Working Directory"中定义工作路径与文件目录。在"Job Name"对话框中输入"File"默认状态。如图 6.3 所示。

（2）单击"Run"按钮进入 ANSYS 17.0 的 CUI 操作界面。

（3）单击"Main Menu＞Preferences"菜单命令打开"Preferences for GUI Filtering"对话框，选中"Thermal"来对后面进行热分析，单击"OK"按钮，如图 6.4 所示。

（4）定义工作标题单击"Utility Menu ＞File＞Change Title"菜单命令，在打开的对话框中输入"Seep Analysis"单击"OK"按钮，如图 6.5 所示。

（5）定义单元类型

① 定义 PLANE55 单元：单击"Main Menu ＞ Preprocessor ＞ Element Type ＞ Add/Edit/Delete"菜单命令，打开"Element Types"单元类型对话框，单击"Add"按钮。打开"Library of Element Types"对话框，在该对话框左面滚动栏中选择"PLANE55"单元，单击"Apply"按钮，定义完成 PLANE55 单元，见图 6.6。

② 定义材料属性：单击"Main Menu＞Preprocessor＞ Material Props＞Material Models"菜单命令，打开"Define Material Model Behavior"对话框。在对话框中的右边栏中连续双击"Thermal＞Conductivity＞Isotropic"后，弹出"Conductivity for Material Number"对话框。在对话框的"KXX"中输入"10e-8"，单击"OK"按钮，操作步骤如图 6.7 所示。

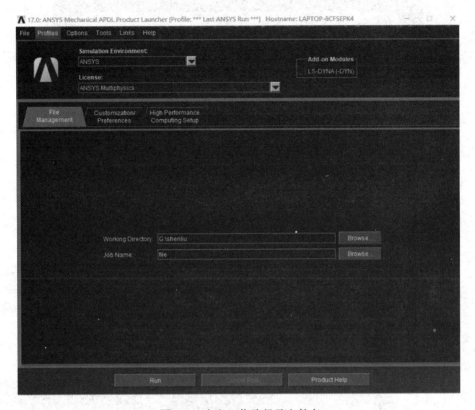

图 6.3 定义工作路径及文件名

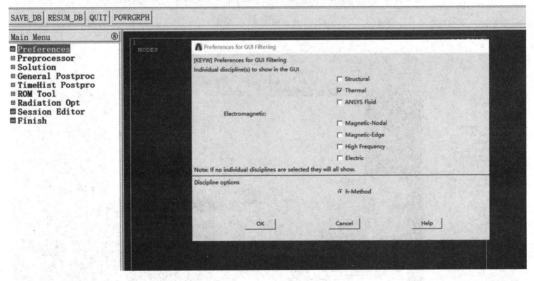

图 6.4 定义分析形式

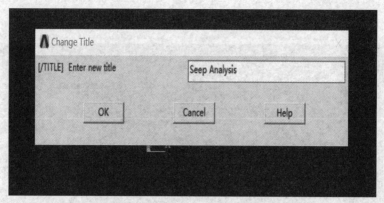

图 6.5 定义工作标题

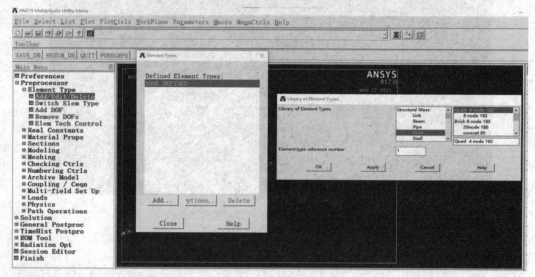

图 6.6 定义单元类型

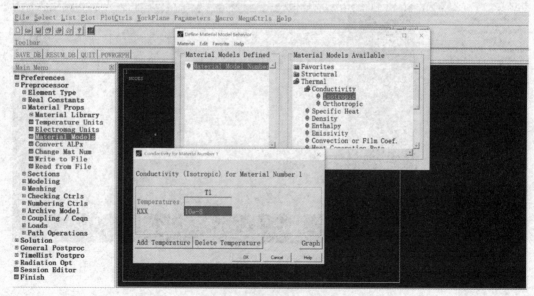

图 6.7 定义渗透系数

2. 创建模型

1) 输入关键点

单击"Main Menu>Preprocessor>Modeling>Create>Keypoints>In Active CS"菜单命令,打开"Create Keypoints in Active Coordinate System"对话框,如图 6.8 所示。在"NPT Keypoint number"后面的输入框中输入"1",在"X, Y, Z Location in active CS"后面的输入框中输入"0, 0, 0",单击"Apply"按钮,这样就创建了关键点 1。依次重复在"NPT Keypoint number"的输入框中输入关键点,坐标如下:

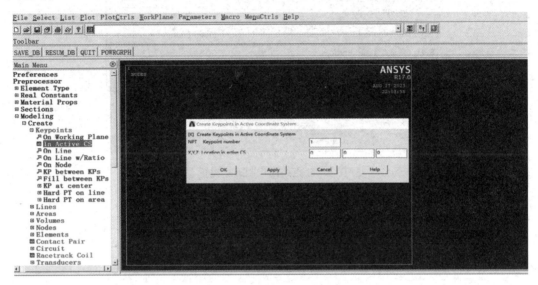

图 6.8 输入关键点

(1) $X=0$,$Y=0$,$Z=0$;
(2) $X=132$,$Y=0$,$Z=0$;
(3) $X=78$,$Y=18$,$Z=0$;
(4) $X=72$,$Y=18$,$Z=0$。

2) 连接关键点,形成坝体的线模型

依次单击"Main Menu>Preprocessor>Modeling>Create>Lines>Straight Lines"菜单命令,打开"Create Straight Lines"对话框,用鼠标依次单击关键点 1、2,单击"Apply"按钮,创建了直线 L1。同样的操作步骤,分别连接:

lstr,1,2
lstr,2,3
lstr,3,4
lstr,4,1

最后单击"OK"按钮,得到大坝断面线模型。

依次单击"Plotctrls>Numbering"弹出如图 6.9 所示的对话框"Plot Numbering Controls",在"LINE"后面的选择框选择"On",显示关键点号以及线的编号。最终大坝线模型如图 6.10 所示。

3) 形成体面模型

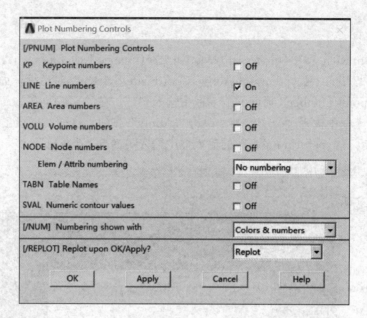

图 6.9　点线面控制显示设置

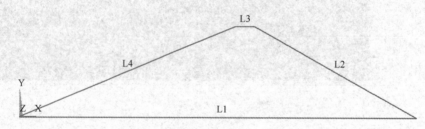

图 6.10　大坝线模型

依次单击"Main Menu＞Preprocessor＞Modeling＞Create＞Areas＞Arbitrary＞Through KPs"菜单命令，弹出一个"Create Area by Lines"对话框，在图形中选取线 L1~L4，点击"OK"按钮，得到坝体的断面，如图 6.11 所示。

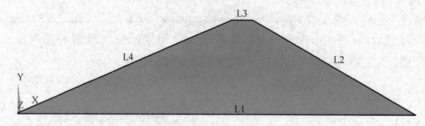

图 6.11　大坝面模型

6.3.3　划分网格

1. 将属性赋给模型体

依次单击"Main Menu＞Preprocessor＞Meshing＞Mesh Attributes＞Picked Area"，选择坝体面，与已经定义的材料系数对应。菜单命令弹出"Area Attributes"对话框见

图 6.12。在"MAT"后面的选项框中选择"1",在"TYPE"后面的选择框中选择"PLANE55"。单击"OK"按完成体材料及单元属性赋值。

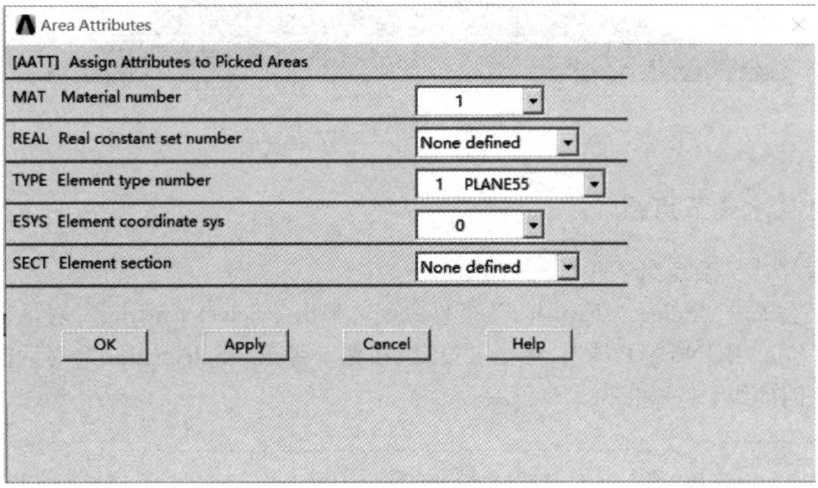

图 6.12　坝体材料及单元属性赋值

2. 划分单元

依次单击"Main Menu＞Preprocessor＞Meshing＞MeshTool"菜单命令,弹出"MeshTool"对话框,单击"Size Controls"下"Global"后面的"Set"按钮,在弹出的"Global Element Sizes"对话框中,在"SIZE"的输入框中输入"3",单击"OK"按钮完成单元尺寸设置。操作步骤如图 6.13 所示。

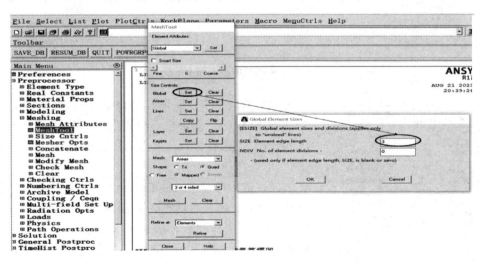

图 6.13　坝体单元划分设置

在"MeshTool"对话框中"Mesh"后面的下拉对话框中选"Areas",将"Shape"后面的点选为"Quad"以及"Mapped",然后单击"Mesh"按钮,弹出的"Mesh Areas"对话框,点击"Picked All"按完成坝体的单元划分。完成后如图 6.14 所示。

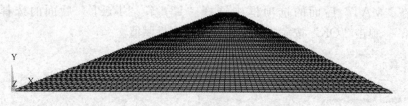

图 6.14　坝体单元划分

6.3.4　建立水头节点组

1. 创建常水头节点组

(1) 依次单击 "Select>Entities" 菜单命令，弹出 "Select Entities" 对话框，分别选择 "Lines" 和 "By Num/Pick"，单击 "OK" 按钮，弹出 "Select lines" 对话框，选择坝面上游迎水面的线 L4，如图 6.15 所示。

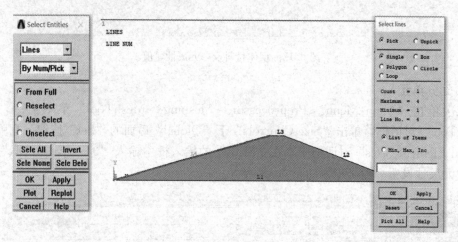

图 6.15　选择坝体迎水面上的线

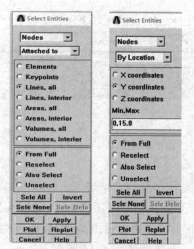

图 6.16　选择坝体迎水面上水位以下的节点

(2) 依次单击 "Select>Entities" 菜单命令，弹出 "Select Entities" 对话框，分别选择 "Nodes" 和 "Attached to"，选择 "Lines, all"，其他选项为默认，单击 "OK" 按钮。

(3) 依次单击 "Select>Entities" 菜单命令，弹出 "Select Entities" 对话框，分别选择 "Nodes" 和 "By Location"，选择 "Y coordinates"，在 "Min Max" 下面的输入框中输入 "0，15.8"，其他选项为默认，单击 "OK" 按钮，见图 6.16。

(4) 依次单击 "Utility Menu>Select> Comp/Assembly>Create Component" 菜单命令，弹出 "Create Component" 对话框，在 "Cname" 后面的输入框中填写 "costant 1"，在 "Entity" 后面的下拉框中选择 "Nodes"，单击 "OK" 按钮，如图 6.17 所示。

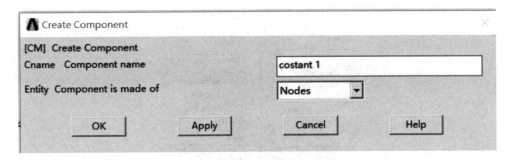

图 6.17 创建常水头节点组

(5) 依次单击"Select>Everything"菜单命令。

2. 建立渗流溢出边界节点组

(1) 依次单击"Select>Entities"菜单命令，弹出"Select Entities"对话框，分别选择"Lines"和"By Num/Pick"，单击"OK"按钮，弹出"Select lines"对话框，选择坝面下游背水面的线 L2，如图 6.18 所示。

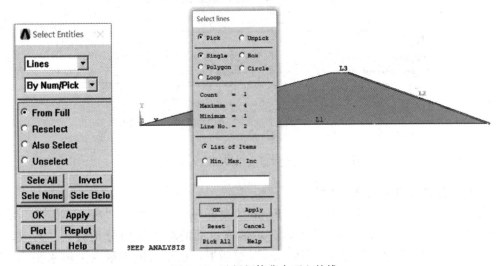

图 6.18 选择坝体背水面上的线

(2) 依次单击"Select>Entities"菜单命令，弹出"Select Entities"对话框，分别选择"Nodes"和"Attached to"，选择"Lines，all"，其他选项为默认，单击"OK"按钮。

(3) 依次单击"Select>Entities"菜单命令，弹出"Select Entities"对话框，分别选择"Nodes"和"By Location"，选择"Y coordinates"，在"Min Max"下面的输入框中输入"0，10"，其他选项为默认。其中"0，10"为初估的数值，单击"OK"按钮，如图 6.19 所示。

(4) 依次单击"Utility Menu>Select>Comp/Assembly>Create Component"菜单命令，弹出"Create Component"对话框，在"Cname"后面的输框中填写"move 1"，在"Entity"后面的下拉框中选择"Nodes"，单击"OK"按钮，如图 6.20 所示。

(5) 依次单击"Select>Everything"菜单命令。

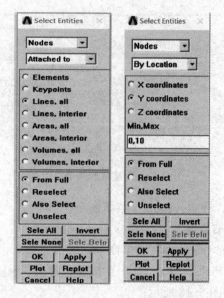

图 6.19　选择坝体下游面渗流可能溢出点

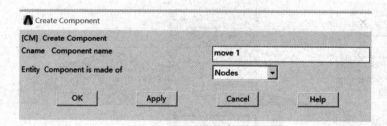

图 6.20　创建渗流溢出渗流水头节点组

3. 输入渗流计算命令流，求解

依次单击"Files＞Read Input From"菜单命令，选择"Seep.Mac"，弹出"Multi-Prompt for Variables"对话框，在对话框里面的输入框中分别输入"1，1，1，10，0"，单击"OK"按钮，弹出"Prompt"对话框，在输入框中输入上游水头"15"，单击"OK"按钮，开始进行计算，经过几次迭代即可收敛，完成求解，见图 6.21 和

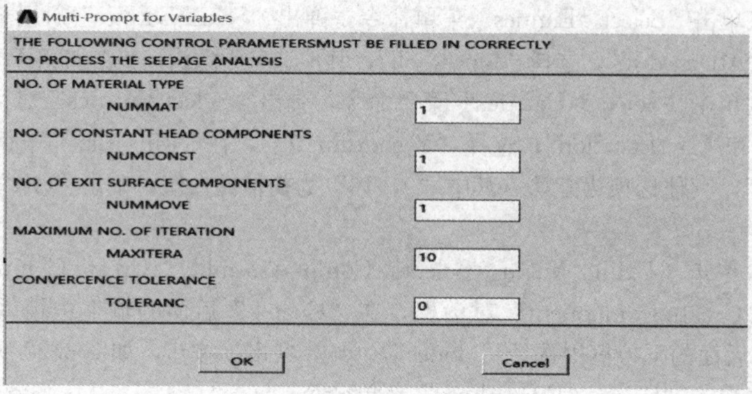

图 6.21　计算参数输入

图 6.22。

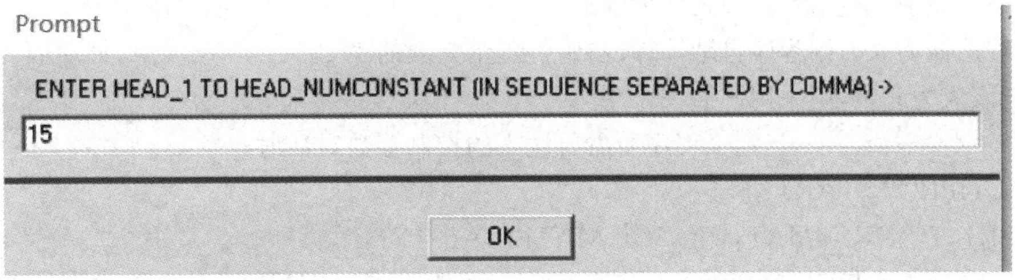

图 6.22 上游水头参数输入

6.3.5 求解设置

根据上述的固定网格修正渗透系数方法编制相应的 APDL 命令流用于渗流计算。在 ANSYS 环境中使用这个 APDL 命令流可以求解二维或三维渗流场问题，渗流系数可以是各向同性或各向异性（即可以输入 KXX，KYY，KZZ 三个方向上的渗透系数）。对于渗流场的计算分析，需要采用热分析模块进行，单元需要采用热单元建模。本 APDL 命令流文件中没有包括建模部分，有限元模型及网格划分、约束条件的产生需要在 ANSYS 程序中预先建立。并且在建立有限元模型时，需要将水头值不同的常水头节点组分别建立组元，组元名称必须为"constant1，constant2，…"，依此类推。另外还需要在建立有限元模型时将不同的初设溢出段节点组建立组元，组元名称必须为"move1，move2，…"，依此类推。程序会自动通过迭代调整溢出段。其他可以根据实际模型情况，设置 APDL 命令流中的输入控制参数。

本 APDL 命令流的计算原理采用固定网格调整渗透系数法，即在计算中将负压区的单元的渗透系数降低到相对几乎不透水，用于模拟浸润线（自由表面），以上的材料没有流量通过的情况。结果中，温度（TEMP）对应于总水头，热通量（HEAT FLUX）对应于渗流速度，约束点（给定水头的节点）反力-功率（也叫热流率，HEAT）对应于该点渗流量结果中没有直接输出压力水头，在后处理中计算出压力水头并将其输出到 TGSUM（总热梯度）中以观察其压力水头等值线。

APDL 命令流如下：

!! ************************定义所需控制参数 ************************
!! 材料类型数
NUMMAT：
!! 常水头节点组元数
NUMCONSTANT：
!! 初始溢出边界节点组元数
NUMMOVE：
!! 最大迭代数
MAXITERATION
!! 收敛控制,两次迭代中负压单元数变化的最大容许值

TOLERANCE：

!! 小于该值(不包括等于)则认为收敛

!! 若该值为＜0,则程序自动计算(初始负压单元数的1/100)

! 若该值为非负,则采用该值

!! ************定义程序所需要输入的控制参数对话框****************

MULTIPRO,'START',5

　* CSET,1,3,NUMMAT,'NO. OF MATERIAL TYPE',1

　* CSET,4,6,NUMCONSTANT,'NO. OF CONSTANT HEAD COMPONENTS',2

　* CSET,7,9,NUMMOVE,'NO. OF EXIT SURFACE COMPONENTS',1

　* CSET,10,12,MAXITERATION,'MAXIMUM NO. OF ITERATION',10

　* CSET,13,15,TOLERANCE,'CONVERCENCE TOLERANCE',0

　* CSET,61,62,'THE FOLLOWING CONTROL PARAMETERS','MUST BE FILLED IN CORRECTLY'

　* CSET,63,64,'TO PROCESS THE SEEPAGE ANALYSIS'

MULTIPRO,'END'

!! **********************定义存储数据的数组**********************

　* DIM,HEAD,ARRAY,NUMCONSTANT,1

!! 给水头数组HEAD赋值,连续输入NUMCONSTANT个数值,用逗号隔开

　* ASK,HEAD(1),HEAD_1 TO HEAD_NUMCONSTANT (IN SEOUENCE SEPARATED BY COMMA)

　* DIM,COMNAME,STRING,30,1

　* GET,NNUMBER,NODE,,NUM,MAX

　* DIM,TOTALH,ARRAY,NNUMBER,1,1

　* DIM,POSH,ARRAY,NNUMBER,1,1

　* DIM,PRESH,ARRAY,NNUMBER,1,1

　* VGET,POSH(1),NODE,,LOC,Y,,,2

/SOLU

!! **********************定义常水头边界条件**********************

　* DO,I,1,NUMCONSTANT

COMNAME(1,1)=STRCAT('CONSTANT',CHRVAL(I))

CMSEL,S,COMNAME(1,1)

D,ALL,,HEAD(I),,,,TEMP

ALLSEL,ALL

　* ENDDO

COMNAME(1,1)=''

!! ****************************后处理****************************

SOLVE

/POST1

FILE,,'RTH'

SET,FIRST

*VGET,TOTALH(1),NODE,1,TEMP,,,2

*VOPER,PRESH,TOTALH,SUB,POSH

!! 为了绘制等值线,将压力水头输出到 TGSUM(总热梯度)

*VPUT,PRESH(1),NODE,1,TG,SUM,,,2

*VSCFUN,MAXPRES,MAX,PRESH

PLVECT,TF,,,,VECT,ELEM,ON,0

/GRAPHICS,FULL

/CONT,1,10,0,,MAXPRES

PLNSOL,TG,SUM,0

!! 定义新的低透水性材料,用以模拟负压区,其渗透系数为原有值的 1/1000

/PREP7

*DO,I,1,NUMMAT

　*GET,MKXX,KXX,I,TEMP

　*GET,MKYY,KYY,I,TEMP

　NUMMAT1=NUMMAT+I

　MP,KXX,NUMMAT1,MKXX/1000

　MP,KYY,NUMMAT1,MKYY/1000

*ENDDO

!! *************************确定单元节点数*************************

*GET,ETYPE,ETYP,1,ATTR,ENAM

*IF,ETYPE,EQ,55,THEN

　NUMNODE=4

*ELSEIF,ETYPE,EQ,77,THEN

　NUMNODE=8

*ELSEIF,ETYPE,EQ,35,THEN

　NUMNODE=6

*ELSEIF,ETYPE,EQ,70,THEN

　NUMNODE=8

*ELSEIF,ETYPE,EQ 90,THEN

　NUMNODE=20

*ELSEIF,ETYPE,EQ,87,THEN

　NUMNODE=10

*ENDIF

!! *************************寻找浸润线*************************

*MSG,UI,′STARTING ITERATION′

%C

NUMNEGATIVE1=0

NUMNEGATIVE2=0

NUMNEGMAX=0

*DO,K,1,MAXITERATION+1

```
*IF,K,EQ,MAXITERATION+1,THEN
*EXIT
*ENDIF
/SOLU
!! 在压力水头大于或等于 0 的可能溢出边界点定义溢出边界条件
*DO,I,1,NUMMOVE
COMNAME(1,1)=STRCAT('MOVE',CHRVAL(I))
CMSEL,S,COMNAME(1,1)
*GET,LOWNUM,NODE,,NUM,MIN,,,,
*GET,TOTALNUM,NODE,,COUNT,,,,
NNN=LOWNUM
*DO,J,1,TOTALNUM
*IF,PRESH(NNN),GE,0,THEN
D,NNN,,POSH(NNN),,,,TEMP
*ENDIF
NNN=NDNEXT(NNN)
*ENDDO
ALLSEL,ALL
*ENDDO
COMNAME(1,1)=''
!! ************搜寻产生负压单元,并赋予相应的低透水性材料*******
/PREP7
*GET,LOWELEM,ELEM,,NUM,MIN
*GET,NELEMENT,ELEM,,COUNT
MMM=LOWELEM
*DO,I,1,NELEMENT
*GET,NMAT,ELEM,MMM,ATTR,MAT
SUMPRES=0
*DO,J,1,NUMNODE
NODENUM=NELEM(MMM,J)
SUMPRES=SUMPRES+PRESH(NODENUM)
*ENDDO
!! 如果压力水头小于 0,且材料号为初始材料,则改变材料,并删除节点溢出边界
!! 如果压力水头大于或等于 0,且材料号不是初始材料,则改为初始材料
*IF,SUMPRES,LT,0,THEN
NUMNEGATIVE2=NUMNEGATIVE2+1
*IF,NMAT,LE,NUMMAT,THEN
MPCHG,NMAT + NUMMAT,MMM
*ENDIF
*DO,J,1,NUMNODE
```

```
DDELE,NELEM(MMM,J),ALL
*ENDDO
*ELSE
*IF,NMAT,GT,NUMMAT,THEN
MPCHG,NMAT-NUMMAT,MMM
*ENDIF
*ENDIF
MMM=ELNEXT(MMM)
*ENDDO
!! ********************** 重新定义常水头边界条件 *********************
*DO,I,1,NUMCONSTANT
COMNAME(1,1)=STRCAT('CONSTANT',CHRVAL(I))
CMSEL,S,COMNAME(1,1)
D,ALL,,HEAD(I),,,,TEMP
ALLSEL,ALL
*ENDDO
COMNAME(1,1)=''
*IF,NUMNEGATIVE2,GT,NUMNEGMAX,THEN
NUMNECMAX=NUMNEGATIVE2
*ENDIF
!! ************************* 计算收敛条件 **************************
*IF,TOLERANCE,LT,0,THEN
CONVCONT=NINT(0.01*NUMNEGMAX)
*ELSE
CONVCONT=TOLERANCE
*ENDIF
/SOLU
!! ************************** 后处理 ******************************
SOLVE
/POST1
FILE,,'RTH'
SET,FIRST
*VGET,TOTALH(1),NODE,1,TEMP,,,,2
*VOPER,PRESH,TOTALH,SUB,POSH
*VPUT,PRESH(1),NODE,1,TG,SUM,,,2
*VSCFUN,MAXPRES,MAX,PRESH
PLVECT,TF,,,,VECT,ELEM,ON,0
/GRAPHICS,FULL
/CONT,1,10,0,,MAXPRES
PLNSOL,TG,SUM,0
```

CHANGE=ABS(NUMNEGATIVE2－NUMNEGATIVE1)
*MSG,UI,'ITERATION',K,'FINISHED','MAX NEG',NUMNEGMAX,'NEG CHANGED',CHANGE
%C %I %C,%C=%I,%C=%I
*IF,K,GE,2,THEN
*IF,CHANGE,LE,CONVCONT,THEN
*EXIT
*ENDIF
*ENDIF
NUMNEGATIVE1=NUMNEGATIVE2
NUMNEGATIVE2=0
*ENDDO
*IF,K,EQ,MAXITERATION+1,THEN
*MSG,UI,'SOLUTION NOT CONVERGED AFTER','SPECIFIED MAXIMUM ITERATION'
%C %C
*ELSE
*MSG,UI,'SOLUTION CONVERGED','TOTALLY'K,'ITERATIONS'
%C,%C %I %C
*ENDIF

6.3.6 渗流求解结果

1. 坝体压力水头等值线

依次单击"Main Menu＞General Postproc＞Plot Results＞Contour Plot＞Nodal Solu"命令，弹出"Contour Nodal Solution Data"对话框，依次单击"Nodal Solution＞

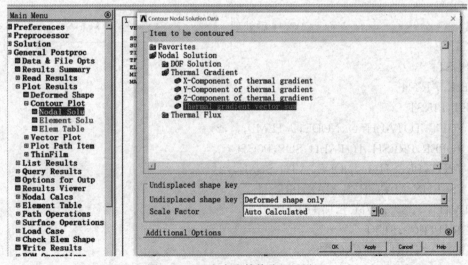

图 6.23 压力水头等值线显示设置

Thermal Gradient>Thermal gradient vector sum",见图 6.23。最后得到如图 6.24 所示的坝体压力水头等值线图。由图 6.24 可知,润线表面有细微波动,这是由于浸润线并非网格边界,而是通过对等值图插值寻找零压力线值得到的,在插值过程中有些许波动,但足以满足工程精度要求,而且随着网格的细化,浸润线会趋于平滑。

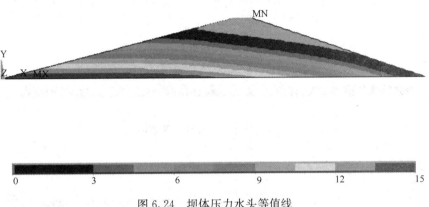

图 6.24 坝体压力水头等值线

2. 坝体浸润线压力等值线

依次单击"Main Menu>General Postproc>Plot Results>Contour Plot>Nodal Solu"菜单命令,弹出"Contour Nodal Solution Data"对话框,再依次单击"Nodal Solution>DOF Solution>Nodal Temperature",如图 6.25 所示。最后得到如图 6.26 所示的坝体浸润线压力等值线图。

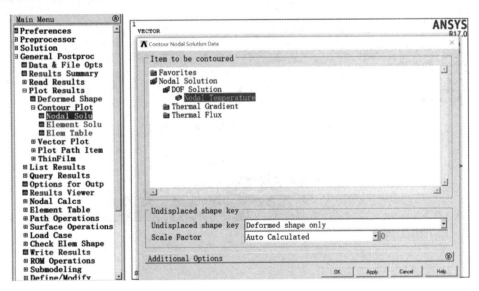

图 6.25 坝体浸润线压力等值线显示设置

3. 坝体渗流速度矢量值

依次单击"Main Menu>General Postproc>Plot Results>Vector Plot>Predefined"命令,弹出"Vector Plot of Predefined Vectors"对话框,采用程序默认选项,后单击"OK"按钮,如图 6.27 所示。最后得到如图 6.28 所示的坝体渗流速度矢量图。

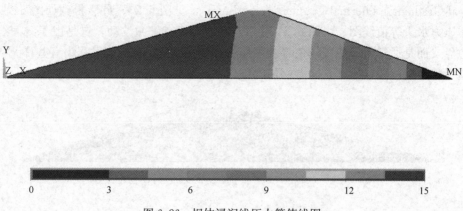

图 6.26 坝体浸润线压力等值线图

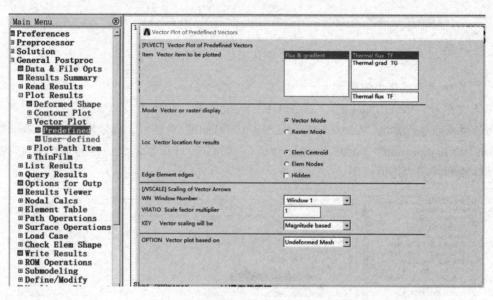

图 6.27 坝体渗流速度矢量显示设置

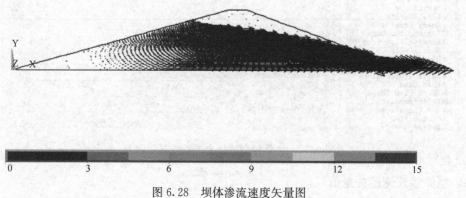

图 6.28 坝体渗流速度矢量图

4. 坝体稳定渗流量

通过列表左侧（或右侧）边界节点的支反力（即对应于渗流量的热流率）可以得到稳

定渗流量。

选择坝体下游坝坡线上的节点，再依次单击"Main Menu＞General Postproc＞Plot Results＞Contour Plot＞Nodal Solu"菜单命令，弹出"Contour Nodal Solution Data"对话框，再依次单击"Thermal Flux＞Thermal flux vector sum"，如图 6.29 所示。弹出如图 6.30 所示的"PRNSOL Command"对话框，可以得到坝体的稳定渗流量。

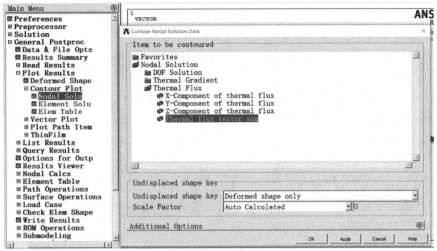

图 6.29　列表节点渗流量设置

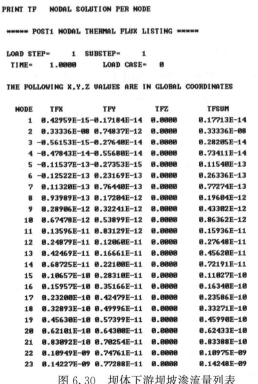

图 6.30　坝体下游坝坡渗流量列表

6.4 命令流

```
!! ************************定义文件名**************************
/TITLE,SEEP ANALYSIS
/FILNAM,FILE,1
/PREP7
!! ******************定义结构分析中要使用的单元******************
ET,1,PLANE55
!! ******************定义坝体材料渗透系数**********************
MP,KXX,1,1E－8
MP,KYY,1,1E－8
MP,KZZ,1,1E－8
!! **********************定义挡坝的关键点**********************
K,,0.000,0.00,0.0
K,,132.0,0.00,0.0
K,,78.00,18.0,0.0
K,,72.00,18.0,0.0
!! **********************定义坝体线框************************
LSTR,1,2,
LSTR,2,3
LSTR,3,4
LSTR,4,1
!! **********************定义坝体面*************************
/REP,FAST
FLST,2,4,4
FITEM,2,1
FITEM,2,2
FITEM,2,3
FITEM,2,4
AL,P51X
APLOT
!! **********************划分网格**************************
ESIZE,2
ET,1,55
TYPE,1
MAT,1
MSHAPE,0,2D
MSHKEY,1
```

```
AMESH,ALL
!! ************************ 创建水头节点组 ***************************
LSEL,S,,,4
NSLL,S,1
NPLOT
NSEL,R,LOC,Y,0,15.8
CM,CONSTANT1,NODE
ALLSEL,ALI
LSEL,S,,,2
NSLL,S,1
NPLOT
NSEL,R,Col,Y,0,10
CM,MOVE1,NODE
ALLSEL,ALL
!! ************************ 读入渗流命令 ***************************
/INPUT,'SEEP','MAC','E:/SHENY/',,0
!! ************************ 浸润线求解 ***************************
/POST1              !!
PLNSOL,TG,SUM,0
PLVECT,TF,,,,VECT,ELEM,ON,0
PRNSOL,TF,COMP
!! ************************ 渗流量计算 ***************************
LSEL,S,,,2
NSLL,S,1
PRNSOL,TF,COMP
SAVE,SEEP1,DB
```

7 混凝土强度细观计算

7.1 概述

混凝土是由水、水泥和粗细骨料组成的复合材料。一般从特征尺寸和研究方法的侧重点不同将混凝土内部结构分为三个层次[138]：(1) 微观层次（Micro-level）。材料的结构单元尺度在原子、分子量级，可用电子显微镜观察分析，是材料科学的研究对象。(2) 细观层次（Meso-level）。从分子尺度到宏观尺度，着眼于粗细骨料、水泥水化物、孔隙、界面等细观结构。在这个层次上，混凝土被认为是一种由粗骨料、硬化水泥砂浆和它们之间的过渡区（粘结带）组成的三相复合材料。(3) 宏观层次（Macro-level）。特征尺寸大于几厘米，混凝土作为非均质材料存在着一种特征体积，一般认为是相当于3~4倍的最大骨料体积。已有研究表明[139]：加载以前，混凝土内部已有微裂缝存在。为了建立混凝土细微观结构各种缺陷及其特性的不均匀性与其在宏观力学特性的关系，自20世纪70年代末[140]，人们发展了混凝土细观力学研究方法。

混凝土、岩石等准脆性材料的破坏机理研究主要依赖于试验分析法、理论分析法和数值模拟分析法，可靠的数值计算是试验研究与理论分析的有益补充[141]。细观力学数值模拟分析法，是把结构离散化为有限个单元来计算宏观应力-应变关系。通过混凝土细观力学有限元法，既可直接观察混凝土细观结构损伤破坏的过程，又可以了解骨料体积分数、级配比和分布状况及ITZ等主要因素对混凝土宏观力学特性的影响。目前，随着计算机技术的快速发展和相关数值计算方法（有限元软件）的日趋成熟，通过构建混凝土细观模型来研究其宏观力学行为已成为热点。现如今，在混凝土细观数值模拟的研究中，比较有代表性的有格构模型（Lattice model）[142-145]、随机粒子模型（Random particle model）[146-151]、随机骨料模型（Random aggregate model）[152-153]和随机力学特性模型（Random mechanical characteristics model）[154-156]，除了上述几个经典的模型之外，国内外研究人员也发展了不少其他的分析计算模型，如Baant等[157]所提出的微平面模型（Microplane model），邢纪波等[158]基于离散元理念提出的梁-颗粒模型，Mohamed和Hansen[159]所提出的M-H模型等。

7.2 细观计算原理

本书采用二维随机圆形骨料代表体元模型进行研究，能较好地反映混凝土的细观三相组分的位置分布，以及有利于研究混凝土断裂过程和各组分力学性能对宏观力学行为的影响。

7.2.1 骨料投放方法

1. 骨料级配的确定

混凝土试件实际成型时，经过充分的振捣，一般来说骨料之间的孔隙小，密实度较好。研究表明[160-161]：Fuller 曲线可以很好地反映这种骨料最优分布的现象，同时可以使混凝土获得较优的宏观强度。因此，研究常采用 Fuller 曲线描述混凝土的骨料分布情况，表达式如下：

$$P = 100 \left(\frac{d}{d_{\max}}\right)^m \tag{7.1}$$

式中：P 为骨料粒径小于 d 的概率值；$d_{\max}$ 为骨料粒径的最大值；m 为计算参数，取值范围为 0.45～0.7。

由于三维模型计算量较大，Walraven[162] 依据 Fuller 公式对其做了转化，使其在二维模型中依旧满足级配关系，假设粗骨料为圆形。Walraven 公式具体表达式如下：

$$P_C(d<d_0) = P_k \left[\begin{array}{c} 1.4555\left(\frac{D}{D_{\max}}\right)^{0.5} - 0.50\left(\frac{D}{D_{\max}}\right)^2 + 0.036\left(\frac{D}{D_{\max}}\right)^4 \\ + 0.006\left(\frac{D}{D_{\max}}\right)^6 + 0.002\left(\frac{D}{D_{\max}}\right)^8 + 0.001\left(\frac{D}{D_{\max}}\right)^{10} \end{array} \right] \tag{7.2}$$

式中：P_C 为累计密度函数，混凝土截面内直径小于 D 的骨料出现概率；P_k 为骨料体积占混凝土试件体积的概率，一般取 0.5～0.6；D 为目标骨料直径；$D_{\max}$ 为最大骨料直径。

随后根据公式可确定骨料的个数：

$$N_i = \text{int}\left(\frac{A \cdot P_0}{A_i}\right) \tag{7.3}$$

式中：N_i 为某粒径范围内骨料的个数；A 为试件面积；A_i 为某粒径骨料的面积，针对圆形 $A = \pi(d/2)^2$；int 为取整函数；$P_0 = P_C(d<d_{i+1}) - P_C(d<d_i)$ 为粒径范围在 $[d_i, d_{i+1}]$ 之间的颗粒出现的概率，在二维混凝土数值计算中，可将其视为此粒径范围之间的颗粒面积占试件总面积的比例。

2. 骨料的随机投放

确定了骨料的投放位置、尺寸和数量后，还应注意判断骨料间的位置关系。在二维模型中，圆形骨料的控制参数为圆心坐标及半径大小，在实现了圆形的生成后，只需对于圆心距和半径之和进行大小比较即可得到两个圆的位置关系，基于此数学关系设计为算法中的位置判断条件[163]。在投放时，骨料需要按照半径大小，由大到小依次投放，以保证大粒径骨料都能顺利投放。同时，不仅需要关注骨料间的位置关系，也需要注意骨料与混凝土边界的位置关系，需要在边界留出一定的混凝土保护层厚度，当模拟的试件尺寸较小时，也可视作试件的一部分，不使投放的骨料边缘与混凝土边界相切即可[164]。

在二维模型中，圆形骨料的投放算法如下：首先确定混凝土截面范围，$x \in (a,b)$，$y \in (c,d)$；骨料粒径 $r \in [r_{\min}, r_{\max}]$。其中，$r_{\min}$ 代表骨料最小半径，$r_{\max}$ 代表骨料最大半径。依据蒙特卡罗方法生成随机变量，rand(1) 代表取值范围在 (0,1) 之间的随机变量。确定骨料的形心坐标 (x_i, y_i) 及骨料半径 r_i：

$$x_i = a + \text{rand}(1) \times (b-a) \tag{7.4}$$

$$y_i = c + \text{rand}(1) \times (d-c) \tag{7.5}$$

$$r_i = r_{\min} + \text{rand}(1) \times (r_{\max} - r_{\min}) \tag{7.6}$$

其次,判断骨料与边界条件的关系,直接判断圆心与边界的距离,且保证生成的任一圆形都不会与边界相交,提高生成效率,判定关系如下:

$$a + r_i < x_i < (b-a) - r_i \tag{7.7}$$

$$b + r_i < y_i < (d-c) - r_i \tag{7.8}$$

然后,进行骨料位置关系的判断。对圆心距和两骨料平均半径之和进行比较从而判断该骨料与前一个投放的骨料的位置关系。需要考虑骨料之间不能相切,判定关系式中应该考虑影响范围系数,以保证骨料之间也应保持一定的距离,根据学者研究,取值影响范围系数 ξ 为 1.05。如果不重叠,计算此骨料的面积 A_i,并记录骨料信息 (x_i, y_i, r_i),骨料位置关系判断式如下:

$$\sqrt{(x_i - x_j)^2 + (y_i - y_j)^2} \geqslant \xi(r_i + r_j) \quad (i,j = 1,2,\cdots,n, i \neq j) \tag{7.9}$$

如果骨料发生重叠或者相切,则需重新生成骨料再进行位置判断计算。最后判断骨料投放含量是否达到理论值。判断关系式如下:

$$\Sigma A_i \geqslant P_k \cdot (b-a)(d-c) \tag{7.10}$$

如果满足上式(7.10),则骨料投放结果符合要求,投放过程结束;如果不满足,则继续生产新的骨料再进行一系列判断计算。当投放过程结束后,可以得到每个骨料的几何信息 (x_i, y_i, r_i),通过程序自带的绘图工具绘制骨料的几何图像,即完成了二维骨料几何模型的建立。

在三维建模过程中,建模方法类似于二维模型各步骤,但需注意使用空间坐标,同时将面积信息改为记录体积信息进行判定,最终得到每个骨料的几何信息 (x_i, y_i, z_i, r_i)[165]。按照上述步骤,我们可以建立二维圆形骨料信息及三维球体骨料信息。

基于上述方法生成的数值模型中,骨料颗粒被假定为圆形。然而,实际工程中,骨料多为爆破开采后经过处理的人工骨料,其形状为不规则的凸多边形[166]。为了尽可能地模拟混凝土骨料的真实形态,对圆形骨料模型进行修正,得到凸多边形骨料模型,具体修正方法如下[167]:

(1) 基于面积相等的原则,随机生成对应的椭圆,即新生成的椭圆形面积与原骨料面积相等,如图 7.1(a) 所示。椭圆的长短轴可通过下式确定:

$$\begin{cases} a = \dfrac{d_1 + (d_1 - d_2) \times \text{rand}(\cdot)}{2} \\ b = \dfrac{d^2}{4a} \end{cases} \tag{7.11}$$

式中:a 和 b 分别为椭圆的长轴长度和短轴长度;d_1 和 d_2 分别为骨料粒径分段的端点值,$d_1 > d_2$,如 80~150mm 粒径段中,则 $d_1 = 150$mm,$d_2 = 80$mm;rand(·) 为满足 [0,1] 均匀分布的独立随机数;d 为原圆形骨料粒径。

(2) 在椭圆边界上随机生成凸多边形的顶点,顶点个数 n 满足:

$$n = n_2 + (n_1 - n_2) \times \text{rand}(\cdot) \tag{7.12}$$

式中:n_1 和 n_2 为随机顶点个数的上界和下界。

顶点位置采用极坐标表示:

$$\begin{cases} x_i = x_0 + a\cos\varphi_i \\ y_i = y_0 + b\sin\varphi_i \end{cases} \tag{7.13}$$

式中：(x_i, y_i) 为某一次随机生成的顶点坐标；(x_0, y_0) 为椭圆形心坐标；φ_i 为方位角，取值范围为 $[0, 2\pi]$。

（3）依次连接第②步中随机生成的顶点，生成凸多边形，用以模拟骨料的真实形状，如图 7.1（b）所示。

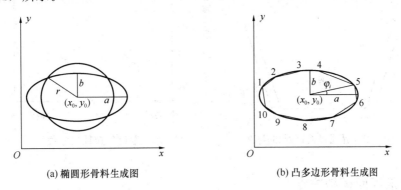

(a) 椭圆形骨料生成图　　　　(b) 凸多边形骨料生成图

图 7.1　骨料生成示意图[168]

完成上述步骤后，混凝土细观结构中骨料和砂浆的模拟基本完成。骨料的随机投放模拟骨料空间分布的随机性，随机凸多边形模拟骨料几何形状的随机性。下面在完成两相细观结构模拟的基础上，介绍界面的模拟方法。

7.2.2　界面过渡区生成方法

完成凸多边形骨料随机生成及投放过程后，在此基础上完成多边形骨料周围的过渡区域的几何建模，可以选择直接在多边形的基础上向外延拓一定距离直接生成[169]。界面的模拟参照李庆斌[170]等提出的骨料延伸方法（Aggregate expansion method），将界面视为骨料边界向外延伸一定厚度的覆盖层。可以将多边形顶点坐标值 (x_i, y_i) 转换为极坐标参数 (ρ_i, θ_i)，表达式如下：

$$(\rho_i, \theta_i) = \left(\sqrt{x_i^2 + y_i^2}, \arctan\frac{y_i}{x_i}\right)(x_i \neq 0) \tag{7.14}$$

假定给定骨料外部的过渡区域是等厚度的，则过渡区域坐标可直接在骨料坐标基础上延伸一定长度得到，如图 7.2 所示，其表达式如下：

$$(\rho_{i1}, \theta_{i1}) = (\rho_i + \eta_i, \theta_i) \tag{7.15}$$

式中：η_i 为过渡区域的厚度。

研究表明过渡区域厚度一般在 $20\sim100\mu m$，并且厚度与骨料粒径正相关。因此，直接在骨料形状基础上向外延拓一定厚度即可。如图 7.3 所示，可以将过渡区域厚度设置为一定范围并且与骨料粒径间存在对应的线性关系，其中最小厚度对应最小骨料直径的过渡区域厚度，最大厚度对应最大骨料直径的过渡区域厚度，其他骨料直径对应的过渡区域厚度值可以通过线性插值的方法获得。

界面过渡区域的强度比远场砂浆更低，因此界面过渡区域成为混凝土中的薄弱区域并且会很大程度上影响混凝土强度。界面过渡区的厚度、强度与骨料的粒径大小存在关系，因而各处的过渡区域 ITZ 的力学性能也存在差异。尽管不同厚度的过渡区域的力学性能是存在一定差异的，建模时为简化过渡区域的材性赋值过程，对各厚度的过渡区域的材性取值一致。

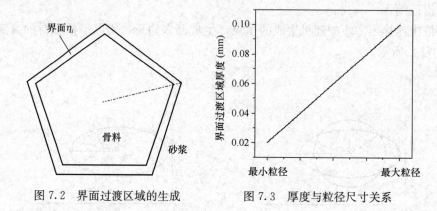

图 7.2 界面过渡区域的生成　　图 7.3 厚度与粒径尺寸关系

7.2.3 砂浆界面模拟方法

投放骨料及延拓过渡区域后，周围的材料相即视为砂浆相，砂浆视为均质材料。根据以往的研究，对于砂浆、混凝土等准脆性材料，其孔隙率在 2%～10% 之间。强度与缺陷含量之间的存在一定的数量关系，杜修力[144]给出了含缺陷的复合材料如下的强度折减公式，如下所示：

$$\frac{S}{S_0} = 1 - c^{2/3} \tag{7.16}$$

类似地，Hansen 也得到了类似的公式，如下所示：

$$\frac{S}{S_0} = 1 - 1.22 c^{2/3} \tag{7.17}$$

式中：c 为材料的缺陷含量。

7.2.4 计算流程

使用 ANSYS 进行强度细观计算通常涉及建立合适的有限元模型以及定义边界条件。一般步骤如下：

（1）收集试件的宏观几何信息。首先，了解几何信息：长、宽、高、整体几何特征等。之后决定微观部分的具体尺寸，骨料投放率，骨料尺寸，过渡区厚度等。

（2）建立模型。利用 MATLAB 等软件通过代码实现多边形骨料的随机投放以及界面过渡区的生成，此时得到的是各个关键点的坐标信息。根据这些数据信息，利用命令流，通过先点后线再面的方式建立宏观-细观强度模型。

（3）定义材料属性。挑选合适的本构关系，利用试验或者拟合得到所需要的各项材料参数，例如抗压强度、抗拉强度、弹性模量等。宏观部分为混凝土，微观部分则要细分为骨料、砂浆、骨料-砂浆过渡区等。

（4）网格划分。模型建立后，对模型划分网格。通过对边界线进行布种决定网格尺寸，通常宏观部分网格尺寸较大，微观部分尺寸较小。因此，选取合适的网格尺寸和类型，处理好宏观到微观部分的网格过渡十分关键。

（5）施加荷载和边界条件。

(6) 进行求解。

7.3 算例分析

7.3.1 基本情况

开展混凝土三点弯曲梁断裂试验,建立试件尺寸为 100mm×100mm×515mm,缝高比为 0.4,多边形骨料掺量为 40%的数值模型。由于大尺寸试件全部采用细观结构计算规模较大,考虑到模拟效率以及三点弯曲梁试验中主裂缝均在裂缝尖端的断裂过程区。因此,模型中断裂过程区采用细观结构,细观结构区域宽度设定为骨料最大粒径的 4 倍,远离该区域部分将橡胶混凝土看作宏观均质材料。如图 7.4 所示为跨越宏-细观的混凝土三点弯曲梁结构示意图,其中 L 为试件的长度,S 为试件的跨度,W 为试件的高度,B 为试件的厚度,a 为试件初始裂缝长度,a/W 为试件缝高比。

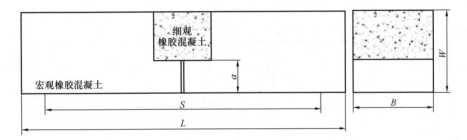

图 7.4 混凝土三点弯曲梁结构示意图

宏观混凝土的材料参数见表 7.1,本构关系采用理想弹塑性模型。

材料参数 表 7.1

类别	弹性模量(GPa)	抗压强度(MPa)	抗拉强度(MPa)	泊松比
混凝土	15	25.66	2.61	0.2
砂浆	17.5	24.13	2.96	0.2
过渡区	8.75	1.48	8.40	0.2
骨料	60	100	10	0.2

7.3.2 建立模型

利用 MATLAB 软件随机投放骨料和生成界面过渡区。根据随机骨料投放所在坐标创建关键点,并连点成线,由线组面。首先创建骨料,之后在已有骨料位置创建稍大于骨料的区域,与骨料区域不相交部分为界面过渡区。经过布尔运算,分为骨料,过渡区,砂浆,混凝土四类。模型建立命令流详见 7.4 节。

7.3.3 划分网格

整体网格剖分图见图 7.5,宏观混凝土区域采用 PLANE182 单元,并采用四边形单元进行网格剖分，单元尺寸为 10mm。微观部分采用 1mm 的单元尺寸，骨料与砂浆采用四边形单元，过渡区采用三角形单元。

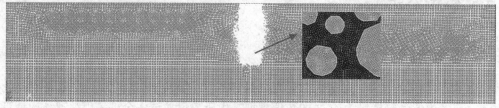

图 7.5　整体网格剖分图

7.3.4　施加荷载

该混凝土三点弯曲梁数值模型计算仍采用位移加载方式，依据试验工况施加位移荷载和约束，将上端中部施加 Y 轴负向竖向位移荷载，底端左右部分分别施加位移全约束，如图 7.6 所示为三点弯曲梁模型中边界条件的示意图。

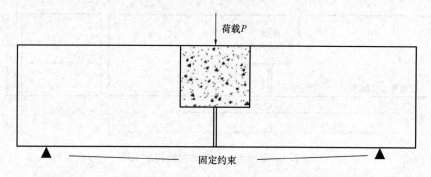

图 7.6　混凝土三点弯曲梁边界条件示意图

7.3.5　求解设置

关闭自动时长步，将位移荷载均分为 50 份，设置最大位移为 -1，将这 50 份荷载通过循环命令逐步累加到荷载施加区域。

```
autots,off
nsubst,1
*do,ii,1,50
dpi=ii*nstps+dp1
nsel,s,loc,y,hegt
nsel,r,loc,x,midd-Mleng*0.5,midd+Mleng*0.5
d,all,uy,dpi
allsel
solve
ii=ii+1
*ENDDO
```

7.3.6 失效设置

整个过程中,当某单元超过应力极限时(以第一主应力为基准)单元失效但并不意味着该单元消失,其仍然有一定的承载能力,只是单元的弹性常数发生了衰减。这类问题通常使用生死单元来处理,当达到一定条件时杀死或者激活单元。但 PLANE182 单元不支持"生死单元",本书采用将破坏单元材料进行置换的方法实现弹性常数的衰减。砂浆和粗骨料界面区破坏后的弹性模量均仅为原来的十万分之一。

单元置换的主要命令流如下:

```
!! *****************************砂浆******************************
esel,s,mat,,2,
*get,en1,elem,,count
*get,enmin1,elem,,num,min
*dim,enlist1,,en1,2
*vfill,enlist1(1,1),ramp,enmin1,1
*dim,nnlist1,array,en1,4     !单元的节点列表,指定每个单元包含 4 个节点
*dim,nnslist1,array,en1,4    !单元的节点力列表,指定每个单元包含 4 个节点
!! *********************** *********界面******************************
esel,s,mat,,3,
*get,en2,elem,,count
*get,enmin2,elem,,num,min
*dim,enlist2,,en2,2
*vfill,enlist2(1,1),ramp,enmin2,1
*dim,nnlist2,array,en2,3     !单元的节点列表,指定每个单元包含 3 个节点
*dim,nnslist2,array,en2,3    !单元的节点力列表,指定每个单元包含 3 个节点
!! ****************************获取节点应力************************
*do,i,1,en1,1
*do,ii,1,4,1
*get,nnlist1(i,ii),elem,enlist1(i,1),node,ii !获得砂浆节点编号
*get,nnslist1(i,ii),node,nnlist1(i,ii),s,1   !获得砂浆节点第一主应力
*enddo
*enddo
*do,i,1,en2,1
*do,ii,1,3,1
*get,nnlist2(i,ii),elem,enlist2(i,1),node,ii !获得界面节点编号
*get,nnslist2(i,ii),node,nnlist2(i,ii),s,1   !获得界面节点第一主应力
*enddo
*enddo
!遍历对应节点,以各节点平均应力作为单元应力
a=0
*do,i,1,en1,1
```

```
enlist1(i,2)=(nnslist1(i,1)+nnslist1(i,2)+nnslist1(i,3)+nnslist1(i,4))/4
* if,enlist1(i,2),gt,2.96,then
mpchg,5,enlist1(i,1)
/color,elem,red,enlist1(i,1)
a=a+1
* endif
* enddo
b=0
* do,i,1,en2,1
enlist2(i,2)=(nnslist2(i,1)+nnslist2(i,2)+nnslist2(i,3))/3
* if,enlist2(i,2),gt,1.48,then
mpchg,5,enlist2(i,1)
/color,elem,red,enlist2(i,1)
b=b+1
* endif
* enddo
```

每一次施加荷载都需要重复一遍上述判断条件，因此需要将其加入求解循环设置中。当单元应力达到破坏应力时该单元失效，单元材料将被置换为其他刚度较低的材料。然后继续加载，通过此方法可以清晰地看到损伤的发展过程。

7.3.7 结果分析

模拟了混凝土三点弯曲梁试件裂缝尖端的断裂过程区演变过程，如图7.7所示。当荷

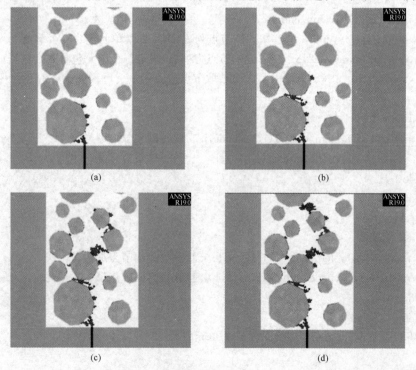

图 7.7　三点弯曲梁断裂过程区演变过程

载达到峰值荷载的 40% 时，橡胶混凝土三点弯曲梁试件裂缝尖端开始起裂，内部微裂纹开始聚集。随着荷载继续增加，微裂纹逐渐扩展，并与裂缝尖端主裂纹汇合，断裂过程区形成一条宏观可见的沿裂缝尖端扩展的主裂缝。随后，随着外部荷载的增加，裂缝进一步扩展，并在主裂缝外出现小裂缝，最终荷载持续导致混凝土断裂破坏。从裂缝扩展路径可以看出，三点弯曲梁试件主裂缝沿绕过粗骨料的路径向前发展，而粗骨料的分布形态和粒径大小对宏观橡胶混凝土断裂起到了抑制阻碍的主要作用。

7.4 命令流

```
fini
/cle
/nopr
!! ********************* 几何信息 *********************
bott = 0                    ! 试件起始位置
hegt = 400                  ! *试件高度
lengt= 2015                 ! *试件长度
bend1= 400                  ! *试件厚度
midd=0.5*lengt  $  lcrack= 0.4*hegt  $  wcrack= 2   ! *试件裂缝高度
kp1x=midd-wcrack*0.5        ! *预设裂缝左侧点
kp2x=midd+wcrack*0.5        ! *预设裂缝右侧点
Mleng= 75                   ! *细观部分长度
lengt1=midd-Mleng*0.5       ! *细观部分起始位置
lengt2=lengt1+Mleng
wleng3=kp1x-lengt1
hegt1=lcrack- 1
hegt2=hegt-hegt1
ditz1= 0.2      ! *骨料界面厚度
!! ********************* 创建物理环境 *********************
/prep7
! *设定单元类型
/nopr
et,1,182
ex1 = 60e3                  ! *粗骨料弹性模量
ex2 = 17.5e3                ! *砂浆弹性模量
ex3 = 8.75e3                ! *粗骨料界面弹性模量
ex4 = 15e3                  ! *混凝土弹性模量
ex5=ex2*1e-5                ! *砂浆破坏弹性模量
ex6=ex3*1e-5                ! *粗骨料界面破坏弹性模量
!! ********************* 创建关键点线面 *********************
```

!! (1)骨料区域
k,1,1004.1,188.45
k,2,1004.1,188.45
k,3,992.29,193.49
k,4,983.52,190.98
k,5,976.88,182.9
k,6,977.22,170.42
k,7,978.65,167.84
k,8,989.99,160.8
k,9,997.05,161.36
k,10,1006.3,168.54
k,11,1006.8,169.44
k,12,1008,172.63
k,13,1008.7,177.07
k,14,1032.2,225.86
k,15,1032.2,225.86
k,16,1029.3,229.99
k,17,1025.4,231.58
k,18,1017.6,227.98
k,19,1016.3,224.44
k,20,1019.7,216.8
k,21,1022.9,215.46
k,22,1026.7,215.62
k,23,1027.4,215.87
k,24,1029.1,216.76
k,25,1031.7,219.68
k,26,1032.6,223.47
k,27,1007.1,300.04
k,28,1007.1,300.04
k,29,1006.5,302.65
k,30,1004.5,306.54
k,31,997.1,311.22
k,32,988.67,310.2
k,33,982.2,302.87
k,34,981.87,295.61
k,35,983.1,292.47
k,36,987.82,287.63
k,37,996.79,286.1
k,38,1003.6,289.87
k,39,1007.2,298.69

k,40,1011,325.18
k,41,1011,325.18
k,42,1009.3,326.24
k,43,1003.5,326.15
k,44,1002.6,325.58
k,45,1002.1,325.23
k,46,1000.3,322.87
k,47,999.6,319.41
k,48,1000.4,316.7
k,49,1003.5,313.63
k,50,1005.9,312.99
k,51,1011.1,314.71
k,52,1013.4,319.89
k,53,989.93,226.17
k,54,989.93,226.17
k,55,984.75,229.44
k,56,982.16,229.74
k,57,981.04,229.65
k,58,976.8,228.04
k,59,974.66,226.07
k,60,973.2,223.59
k,61,973.81,214.9
k,62,979.81,210.33
k,63,984.09,210.15
k,64,990.06,213.73
k,65,992.21,219.87
k,66,1001.2,383.72
k,67,1001.2,383.72
k,68,994.58,387.37
k,69,987.86,385.42
k,70,986.11,383.65
k,71,984.53,380.43
k,72,984.29,379.26
k,73,986.5,371.72
k,74,990.78,368.89
k,75,994.9,368.51
k,76,997.62,369.29
k,77,1000.1,370.92
k,78,1003.2,377.92
k,79,1042.9,250.28

k,80,1042.9,250.28
k,81,1040.3,254.35
k,82,1036.2,255.47
k,83,1031.1,252.27
k,84,1030.6,251.04
k,85,1030.4,247.84
k,86,1034.9,243.03
k,87,1038.3,243
k,88,1041.1,244.61
k,89,1042.7,247.21
k,90,1042.8,247.65
k,91,1043,249.13
k,92,1009.2,270.01
k,93,1009.2,270.01
k,94,1005.2,275.66
k,95,994.39,279.4
k,96,983.99,274.16
k,97,981.19,269.08
k,98,980.53,263.41
k,99,981.18,260.08
k,100,984.3,254.64
k,101,992.07,250.09
k,102,1002.2,251.42
k,103,1008.9,258.47
k,104,1010.2,264.58
k,105,1027.1,192.91
k,106,1027.1,192.91
k,107,1026.6,194.21
k,108,1024.2,196.38
k,109,1019.6,196.34
k,110,1016.9,193.24
k,111,1016.7,192.77
k,112,1016.7,190.56
k,113,1017.9,188
k,114,1018.8,187.14
k,115,1023.9,186.52
k,116,1027,189.65
k,117,1027.3,191.51
k,118,1023.6,383.99
k,119,1023.6,383.99

k,120,1020.9,385.53
k,121,1012.2,385.52
k,122,1009.4,383.88
k,123,1007.9,382.48
k,124,1005,375.67
k,125,1006.7,368.61
k,126,1013.5,363.48
k,127,1016.8,363.07
k,128,1026.1,367.99
k,129,1026.9,369.22
k,130,1028.2,374.72
k,131,1004.1,346.84
k,132,1004.1,346.84
k,133,1002.4,349.32
k,134,995.83,353.71
k,135,991.42,354.37
k,136,983.03,351.51
k,137,977.66,342.86
k,138,978.11,335.87
k,139,983.91,328.34
k,140,988.33,326.47
k,141,993.06,326.18
k,142,1002,330.74
k,143,1005.7,340.24
k,144,1038.8,272.74
k,145,1038.8,272.74
k,146,1033.3,276.5
k,147,1025.3,275.11
k,148,1021.1,267.82
k,149,1021.8,263.38
k,150,1023.2,261.08
k,151,1025.3,259.06
k,152,1031.2,257.36
k,153,1038,260.57
k,154,1039.6,262.86
k,155,1040.5,266.61
k,156,1040.6,267.1
k,157,1032.8,306.55
k,158,1032.8,306.55
k,159,1032.6,307.44

k,160,1031.9,308.93
k,161,1025.7,312.46
k,162,1020.8,310.46
k,163,1019.1,307.83
k,164,1018.6,305.66
k,165,1022.1,299.1
k,166,1026.6,298.16
k,167,1031.3,300.76
k,168,1032.6,303.17
k,169,1032.9,305.28
k,170,987.73,248.94
k,171,987.73,248.94
k,172,983.85,250.59
k,173,983.36,250.57
k,174,981.73,250.15
k,175,981.01,249.77
k,176,979.18,247.85
k,177,978.64,244.04
k,178,981.09,240.66
k,179,984.51,239.93
k,180,986.78,240.75
k,181,988.72,242.99
k,182,989.21,245.24
k,183,1043.7,332.29
k,184,1043.7,332.29
k,185,1041.2,337.46
k,186,1035.6,340.83
k,187,1032.2,341.05
k,188,1028,339.73
k,189,1022.5,330.45
k,190,1025,323.55
k,191,1026.2,322.36
k,192,1030.9,319.99
k,193,1040.8,322.88
k,194,1043.7,328.34
k,195,1043.9,330.41
k,196,1011.5,207.94
k,197,1011.5,207.94
k,198,1005.1,214.32
k,199,1000.4,214.9

k,200,996.11,213.48
k,201,991.05,206.27
k,202,990.91,203.38
k,203,996.89,194.74
k,204,1004.8,194.21
k,205,1008.1,195.98
k,206,1012,202.5
k,207,1012.1,203.18
k,208,1012.1,204.32
k,209,984.46,322.49
k,210,984.46,322.49
k,211,984.06,323.01
k,212,980.88,325.07
k,213,975.53,324.31
k,214,973.54,322.32
k,215,972.79,316.81
k,216,973.3,315.61
k,217,973.78,314.86
k,218,977.58,312.38
k,219,982.06,312.94
k,220,983.42,313.88
k,221,985.61,318.77
k,222,985.61,205.15
k,223,985.61,205.15
k,224,982.04,207.52
k,225,980.56,207.82
k,226,979.3,207.84
k,227,977.27,207.41
k,228,972.79,203.05
k,229,973.01,197.08
k,230,977.66,193.09
k,231,980.36,192.79
k,232,984.44,194.35
k,233,985.38,195.22
k,234,987.36,200.31
k,235,1027.2,291.91
k,236,1027.2,291.91
k,237,1025.7,293.14
k,238,1021.9,294.26
k,239,1016.4,292.22

k,240,1014.5,289.54
k,241,1014.6,283.14
k,242,1015.2,282.18
k,243,1018.2,279.53
k,244,1023.6,278.99
k,245,1026.8,280.72
k,246,1027.4,281.3
k,247,1029.4,286.5
k,248,1021.1,241.09
k,249,1021.1,241.09
k,250,1020.4,242.98
k,251,1016.8,246.2
k,252,1011.4,246.29
k,253,1006.7,239.48
k,254,1012.2,232.44
k,255,1016.5,232.67
k,256,1017.6,233.17
k,257,1019.8,235.2
k,258,1020.7,236.75
k,259,1021.2,238.84
k,260,1021.2,239.5
k,261,1043,200.4
k,262,1043,200.4
k,263,1041.6,201.82
k,264,1038.8,202.88
k,265,1036.9,202.72
k,266,1034.4,201.31
k,267,1033.4,200.09
k,268,1032.7,197.82
k,269,1034.1,193.47
k,270,1038.2,191.61
k,271,1042.3,193.24
k,272,1043.8,195.76
k,273,1044,197.25
k,274,1000.4,236.29
k,275,1000.4,236.29
k,276,997.51,239.28
k,277,996,239.8
k,278,991.48,238.96
k,279,991.11,238.7

k,280,988.84,235.34
k,281,991.18,228.78
k,282,994.42,227.63
k,283,994.86,227.62
k,284,999.62,229.97
k,285,1000.9,233.11
k,286,1000.9,233.77
k,287,1042.5,380.96
k,288,1042.5,380.96
k,289,1040.5,382.18
k,290,1036.7,381.91
k,291,1035.9,381.44
k,292,1033.8,377.93
k,293,1035.1,373.81
k,294,1036.4,372.73
k,295,1037.2,372.38
k,296,1038.5,372.1
k,297,1042.2,373.21
k,298,1043.2,374.34
k,299,1044.1,377.26
k,300,1038.6,171.54
k,301,1038.6,171.54
k,302,1036.7,175.76
k,303,1032.4,178.72
k,304,1024.7,177.5
k,305,1021.1,171.96
k,306,1021,169.07
k,307,1021.8,166.41
k,308,1024.3,163.21
k,309,1028.9,161.39
k,310,1034,162.41
k,311,1037.9,166.69
k,312,1038.7,170.23
k,313,1012.1,285.42
k,314,1012.1,285.42
k,315,1010.1,287.72
k,316,1006.9,288.61
k,317,1003.3,287.03
k,318,1002.8,286.47
k,319,1002.2,285.56

k,320,1001.7,283.63
k,321,1002.3,280.6
k,322,1004.7,278.3
k,323,1007.6,277.75
k,324,1011.2,279.57
k,325,1012.5,283.17
k,326,1024.9,354.64
k,327,1024.9,354.64
k,328,1024.4,355.72
k,329,1023.1,357.73
k,330,1022.2,358.68
k,331,1021.2,359.35
k,332,1018.1,360.54
k,333,1010.7,358.13
k,334,1008.7,355.02
k,335,1009.7,347.34
k,336,1017.7,343.65
k,337,1018.6,343.82
k,338,1025.2,352.13
k,339,1041.3,392.93
k,340,1041.3,392.93
k,341,1039.7,394.95
k,342,1035.6,396.2
k,343,1034.8,396.06
k,344,1031.7,393.97
k,345,1030.6,389.93
k,346,1031.1,388.14
k,347,1033.7,385.56
k,348,1036.7,385.03
k,349,1041.2,388.13
k,350,1041.7,389.83
k,351,1041.8,390.62
k,352,987.13,283.92
k,353,987.13,283.92
k,354,984.58,287.36
k,355,982.01,288.43
k,356,977.72,287.76
k,357,975.88,286.31
k,358,975.11,285.23
k,359,974.28,281.05

k,360,975.71,277.75
k,361,980.55,275.32
k,362,984.54,276.46
k,363,984.91,276.73
k,364,987.44,281.93
k,365,984.71,387.93
k,366,984.71,387.93
k,367,984.14,389.59
k,368,980.1,393.14
k,369,975.58,393.11
k,370,971.37,389.08
k,371,971.3,384.15
k,372,974.31,380.51
k,373,974.93,380.18
k,374,975.39,379.99
k,375,980.04,379.88
k,376,984.41,384.07
k,377,984.85,386.52
k,378,1041.3,295.36
k,379,1041.3,295.36
k,380,1040.8,296.48
k,381,1039.4,298.12
k,382,1035.9,299.63
k,383,1031.6,298.43
k,384,1031,297.94
k,385,1030.7,297.61
k,386,1029.1,293.02
k,387,1031.9,288.16
k,388,1037.2,287.42
k,389,1039.3,288.54
k,390,1041.6,293.39
k,391,1041.6,348.09
k,392,1041.6,348.09
k,393,1040.3,350.64
k,394,1037.6,352.12
k,395,1036.4,352.24
k,396,1034,351.58
k,397,1031.7,348.86
k,398,1031.5,348.28
k,399,1032.9,343.45

k,400,1034,342.59
k,401,1038.4,342.31
k,402,1039.8,343.15
k,403,1041.7,347.1
k,404,1037.8,365.5
k,405,1037.8,365.5
k,406,1037.6,365.81
k,407,1031.3,368.45
k,408,1026.4,365.33
k,409,1025.5,363.16
k,410,1025.8,359.01
k,411,1026.9,357.26
k,412,1031.4,354.81
k,413,1034.9,355.33
k,414,1038.4,358.83
k,415,1039,361.04
k,416,1039,361.64
k,417,1018.5,339
k,418,1018.5,339
k,419,1017.8,339.5
k,420,1016,340.2
k,421,1012,339.25
k,422,1011.1,338.43
k,423,1010.1,336.25
k,424,1011,332.02
k,425,1011.9,331.09
k,426,1014.5,330
k,427,1018.7,331.46
k,428,1020.2,334.5
k,429,1020.2,335.11
k,430,991.93,364.13
k,431,991.93,364.13
k,432,990.95,366.35
k,433,989.61,367.61
k,434,985.88,368.45
k,435,984.86,368.2
k,436,981.48,364.68
k,437,982.75,359.37
k,438,984.75,358.05
k,439,986.75,357.71

k,440,989.81,358.74
k,441,991.06,360.01
k,442,992.03,363.11
k,443,1006.1,362.45
k,444,1006.1,362.45
k,445,1004.3,365.26
k,446,1000.9,366.78
k,447,997.3,366.24
k,448,995.88,365.34
k,449,993.56,360.55
k,450,995.41,355.84
k,451,998.77,354.03
k,452,1002.4,354.35
k,453,1002.8,354.53
k,454,1004.9,356.13
k,455,1006.5,360.37
*do,jj,1,35
kdele,(jj－1)*13＋1
a,jj*13－11,jj*13－10,jj*13－9,jj*13－8,jj*13－7,jj*13－6,jj*13－5,jj*13－4,jj*13－3,jj*13－2,jj*13－1,jj*13
*enddo
asel,s,,,all
cm,a1,area
!!（2）骨料和过渡区
k,456,1004.4,188.8
k,457,1004.4,188.8
k,458,992.29,193.99
k,459,983.25,191.41
k,460,976.42,183.07
k,461,976.76,170.22
k,462,978.24,167.56
k,463,989.92,160.3
k,464,997.2,160.89
k,465,1006.7,168.28
k,466,1007.2,169.21
k,467,1008.5,172.49
k,468,1009.2,177.07
k,469,1032.7,226
k,470,1032.7,226
k,471,1029.6,230.39

k,472,1025.4,232.08
k,473,1017.2,228.25
k,474,1015.8,224.5
k,475,1019.5,216.39
k,476,1022.8,214.97
k,477,1026.8,215.14
k,478,1027.6,215.41
k,479,1029.4,216.35
k,480,1032.1,219.45
k,481,1033.1,223.47
k,482,1007.6,300.09
k,483,1007.6,300.09
k,484,1007,302.8
k,485,1004.9,306.85
k,486,997.2,311.7
k,487,988.45,310.65
k,488,981.73,303.04
k,489,981.39,295.49
k,490,982.67,292.23
k,491,987.57,287.2
k,492,996.89,285.61
k,493,1004,289.53
k,494,1007.7,298.69
k,495,1011.3,325.57
k,496,1011.3,325.57
k,497,1009.5,326.7
k,498,1003.3,326.61
k,499,1002.3,325.99
k,500,1001.8,325.61
k,501,999.81,323.08
k,502,999.1,319.37
k,503,999.92,316.47
k,504,1003.3,313.18
k,505,1005.8,312.49
k,506,1011.4,314.33
k,507,1013.9,319.89
k,508,990.32,226.49
k,509,990.32,226.49
k,510,984.88,229.92
k,511,982.15,230.23

k,512,980.97,230.15
k,513,976.52,228.45
k,514,974.27,226.38
k,515,972.73,223.78
k,516,973.38,214.65
k,517,979.68,209.84
k,518,984.18,209.66
k,519,990.46,213.42
k,520,992.71,219.87
k,521,1001.6,384.02
k,522,1001.6,384.02
k,523,994.62,387.87
k,524,987.55,385.81
k,525,985.71,383.95
k,526,984.05,380.56
k,527,983.79,379.33
k,528,986.12,371.4
k,529,990.62,368.41
k,530,994.96,368.02
k,531,997.82,368.83
k,532,1000.4,370.55
k,533,1003.7,377.92
k,534,1043.4,250.37
k,535,1043.4,250.37
k,536,1040.5,254.76
k,537,1036.2,255.97
k,538,1030.7,252.51
k,539,1030.1,251.2
k,540,1029.9,247.74
k,541,1034.8,242.55
k,542,1038.4,242.51
k,543,1041.4,244.25
k,544,1043.2,247.06
k,545,1043.3,247.53
k,546,1043.5,249.13
k,547,1009.6,270.19
k,548,1009.6,270.19
k,549,1005.6,276.03
k,550,994.36,279.9
k,551,983.61,274.48

k,552,980.71,269.23
k,553,980.04,263.37
k,554,980.71,259.93
k,555,983.93,254.31
k,556,991.96,249.6
k,557,1002.5,250.98
k,558,1009.3,258.26
k,559,1010.7,264.58
k,560,1027.6,193.04
k,561,1027.6,193.04
k,562,1027,194.46
k,563,1024.4,196.84
k,564,1019.4,196.79
k,565,1016.4,193.4
k,566,1016.2,192.89
k,567,1016.2,190.47
k,568,1017.5,187.67
k,569,1018.5,186.73
k,570,1024.1,186.05
k,571,1027.5,189.47
k,572,1027.8,191.51
k,573,1023.9,384.39
k,574,1023.9,384.39
k,575,1021.1,385.99
k,576,1012,385.98
k,577,1009.1,384.27
k,578,1007.5,382.82
k,579,1004.5,375.72
k,580,1006.2,368.34
k,581,1013.4,363
k,582,1016.8,362.57
k,583,1026.5,367.7
k,584,1027.3,368.99
k,585,1028.7,374.72
k,586,1004.5,347.08
k,587,1004.5,347.08
k,588,1002.8,349.64
k,589,995.99,354.19
k,590,991.41,354.87
k,591,982.72,351.91

k,592,977.17,342.95
k,593,977.63,335.72
k,594,983.64,327.92
k,595,988.22,325.98
k,596,993.12,325.68
k,597,1002.4,330.41
k,598,1006.2,340.24
k,599,1039.2,273.03
k,600,1039.2,273.03
k,601,1033.5,276.98
k,602,1025,275.52
k,603,1020.6,267.86
k,604,1021.3,263.18
k,605,1022.8,260.77
k,606,1025,258.65
k,607,1031.2,256.86
k,608,1038.4,260.24
k,609,1040,262.64
k,610,1041,266.58
k,611,1041.1,267.1
k,612,1033.3,306.64
k,613,1033.3,306.64
k,614,1033.1,307.59
k,615,1032.4,309.19
k,616,1025.7,312.96
k,617,1020.5,310.82
k,618,1018.6,308.01
k,619,1018.1,305.69
k,620,1021.9,298.67
k,621,1026.7,297.66
k,622,1031.7,300.45
k,623,1033.1,303.02
k,624,1033.4,305.28
k,625,988.09,249.29
k,626,988.09,249.29
k,627,983.85,251.09
k,628,983.31,251.07
k,629,981.53,250.61
k,630,980.75,250.2
k,631,978.75,248.1

k,632,978.15,243.93
k,633,980.83,240.23
k,634,984.57,239.43
k,635,987.05,240.34
k,636,989.17,242.78
k,637,989.71,245.24
k,638,1044.2,332.38
k,639,1044.2,332.38
k,640,1041.6,337.79
k,641,1035.7,341.32
k,642,1032.2,341.54
k,643,1027.8,340.17
k,644,1022,330.45
k,645,1024.7,323.23
k,646,1025.9,321.98
k,647,1030.8,319.5
k,648,1041.1,322.53
k,649,1044.2,328.24
k,650,1044.4,330.41
k,651,1012,208.11
k,652,1012,208.11
k,653,1005.3,214.79
k,654,1000.4,215.39
k,655,995.86,213.91
k,656,990.56,206.36
k,657,990.42,203.33
k,658,996.68,194.29
k,659,1005,193.74
k,660,1008.4,195.58
k,661,1012.5,202.41
k,662,1012.6,203.12
k,663,1012.6,204.32
k,664,984.87,322.77
k,665,984.87,322.77
k,666,984.44,323.33
k,667,981.02,325.55
k,668,975.26,324.73
k,669,973.11,322.6
k,670,972.31,316.66
k,671,972.86,315.37

k,672,973.38,314.56
k,673,977.46,311.89
k,674,982.28,312.5
k,675,983.75,313.51
k,676,986.11,318.77
k,677,986,205.47
k,678,986,205.47
k,679,982.18,208
k,680,980.61,208.32
k,681,979.27,208.34
k,682,977.1,207.88
k,683,972.33,203.23
k,684,972.56,196.86
k,685,977.52,192.61
k,686,980.39,192.29
k,687,984.75,193.96
k,688,985.75,194.88
k,689,987.86,200.31
k,690,1027.6,292.26
k,691,1027.6,292.26
k,692,1025.9,293.57
k,693,1021.9,294.76
k,694,1016,292.59
k,695,1014,289.74
k,696,1014.2,282.93
k,697,1014.8,281.9
k,698,1018,279.08
k,699,1023.7,278.5
k,700,1027.1,280.34
k,701,1027.8,280.96
k,702,1029.9,286.5
k,703,1021.6,241.2
k,704,1021.6,241.2
k,705,1020.8,243.21
k,706,1017,246.66
k,707,1011.2,246.76
k,708,1006.2,239.48
k,709,1012.1,231.96
k,710,1016.6,232.2
k,711,1017.8,232.73

```
k,712,1020.2,234.9
k,713,1021.2,236.56
k,714,1021.7,238.8
k,715,1021.7,239.5
k,716,1043.4,200.68
k,717,1043.4,200.68
k,718,1041.9,202.23
k,719,1038.8,203.37
k,720,1036.8,203.2
k,721,1034.1,201.67
k,722,1033,200.34
k,723,1032.2,197.87
k,724,1033.8,193.14
k,725,1038.2,191.11
k,726,1042.7,192.89
k,727,1044.3,195.63
k,728,1044.5,197.25
k,729,1000.8,236.49
k,730,1000.8,236.49
k,731,997.73,239.73
k,732,996.1,240.29
k,733,991.21,239.38
k,734,990.81,239.1
k,735,988.35,235.46
k,736,990.89,228.38
k,737,994.39,227.13
k,738,994.87,227.12
k,739,1000,229.66
k,740,1001.4,233.06
k,741,1001.4,233.77
k,742,1042.9,381.32
k,743,1042.9,381.32
k,744,1040.7,382.66
k,745,1036.4,382.36
k,746,1035.6,381.85
k,747,1033.3,377.99
k,748,1034.7,373.48
k,749,1036.2,372.3
k,750,1037,371.9
k,751,1038.5,371.6
```

k,752,1042.5,372.82
k,753,1043.6,374.06
k,754,1044.6,377.26
k,755,1039.1,171.61
k,756,1039.1,171.61
k,757,1037.1,176.07
k,758,1032.6,179.2
k,759,1024.4,177.91
k,760,1020.6,172.05
k,761,1020.5,169
k,762,1021.3,166.19
k,763,1024,162.81
k,764,1028.8,160.89
k,765,1034.3,161.97
k,766,1038.4,166.49
k,767,1039.2,170.23
k,768,1012.5,285.62
k,769,1012.5,285.62
k,770,1010.4,288.14
k,771,1006.9,289.11
k,772,1002.9,287.39
k,773,1002.4,286.78
k,774,1001.8,285.78
k,775,1001.2,283.68
k,776,1001.9,280.36
k,777,1004.4,277.86
k,778,1007.7,277.25
k,779,1011.6,279.24
k,780,1013,283.17
k,781,1025.3,354.79
k,782,1025.3,354.79
k,783,1024.9,355.94
k,784,1023.5,358.06
k,785,1022.5,359.07
k,786,1021.5,359.77
k,787,1018.2,361.03
k,788,1010.3,358.49
k,789,1008.2,355.18
k,790,1009.3,347.06
k,791,1017.7,343.16

k,792,1018.8,343.33
k,793,1025.7,352.13
k,794,1041.7,393.14
k,795,1041.7,393.14
k,796,1040,395.34
k,797,1035.5,396.7
k,798,1034.7,396.55
k,799,1031.3,394.27
k,800,1030.1,389.87
k,801,1030.7,387.92
k,802,1033.5,385.11
k,803,1036.7,384.54
k,804,1041.6,387.91
k,805,1042.2,389.76
k,806,1042.3,390.62
k,807,984.61,286.07
k,808,987.61,284.07
k,809,984.87,287.77
k,810,982.1,288.92
k,811,977.49,288.2
k,812,975.51,286.64
k,813,974.67,285.48
k,814,973.78,280.99
k,815,975.32,277.43
k,816,980.53,274.82
k,817,984.82,276.05
k,818,985.22,276.34
k,819,987.94,281.93
k,820,985.2,388.03
k,821,985.2,388.03
k,822,984.59,389.81
k,823,980.26,393.61
k,824,975.41,393.59
k,825,970.91,389.26
k,826,970.83,383.98
k,827,974.05,380.08
k,828,974.72,379.73
k,829,975.21,379.52
k,830,980.19,379.4
k,831,984.88,383.9

k,832,985.35,386.52
k,833,1041.8,295.52
k,834,1041.8,295.52
k,835,1041.2,296.72
k,836,1039.8,298.5
k,837,1036,300.13
k,838,1031.3,298.83
k,839,1030.7,298.3
k,840,1030.3,297.94
k,841,1028.6,292.99
k,842,1031.6,287.74
k,843,1037.4,286.94
k,844,1039.6,288.15
k,845,1042.1,293.39
k,846,1042.1,348.18
k,847,1042.1,348.18
k,848,1040.6,350.99
k,849,1037.7,352.61
k,850,1036.4,352.74
k,851,1033.8,352.02
k,852,1031.2,349.04
k,853,1031,348.39
k,854,1032.5,343.1
k,855,1033.8,342.16
k,856,1038.6,341.84
k,857,1040.2,342.77
k,858,1042.2,347.1
k,859,1038.3,365.78
k,860,1038.3,365.78
k,861,1038,366.11
k,862,1031.2,368.95
k,863,1025.9,365.6
k,864,1025,363.27
k,865,1025.4,358.82
k,866,1026.5,356.94
k,867,1031.4,354.31
k,868,1035.1,354.87
k,869,1038.9,358.63
k,870,1039.5,361
k,871,1039.5,361.64

```
k,872,1018.8,339.37
k,873,1018.8,339.37
k,874,1018.1,339.92
k,875,1016,340.69
k,876,1011.7,339.66
k,877,1010.7,338.75
k,878,1009.6,336.36
k,879,1010.6,331.72
k,880,1011.6,330.7
k,881,1014.4,329.5
k,882,1019.1,331.11
k,883,1020.7,334.44
k,884,1020.7,335.11
k,885,992.43,364.23
k,886,992.43,364.23
k,887,991.35,366.65
k,888,989.89,368.02
k,889,985.81,368.94
k,890,984.69,368.67
k,891,981,364.82
k,892,982.39,359.02
k,893,984.58,357.58
k,894,986.76,357.21
k,895,990.1,358.34
k,896,991.46,359.72
k,897,992.53,363.11
k,898,1006.6,362.61
k,899,1006.6,362.61
k,900,1004.6,365.64
k,901,1001,367.27
k,902,997.09,366.7
k,903,995.56,365.72
k,904,993.06,360.56
k,905,995.05,355.49
k,906,998.67,353.54
k,907,1002.6,353.88
k,908,1003,354.07
k,909,1005.3,355.8
k,910,1007,360.37
*do,ii,1,35
```

kdele,(ii-1)*13+456

a,ii*13-11+455,ii*13-10+455,ii*13-9+455,ii*13-8+455,ii*13-7+455,ii*13-6+455,ii*13-5+455,ii*13-4+455,ii*13-3+455,ii*13-2+455,ii*13-1+455,ii*13+455

*enddo

asel,s,,,all

asel,u,,,a1

cm,aagg,area

!!（3）其余区域

k,911,lengt1,hegt1

k,912,kp1x,hegt1

k,913,midd,lcrack

k,914,kp2x,hegt1

k,915,lengt2,hegt1

k,916,lengt2,hegt

k,917,lengt1,hegt

allsel

a,911,912,913,914,915,916,917

asel,all

asel,u,,,a1

asel,u,,,aagg

cm,abloc,area

blc4,bott,bott,lengt1,hegt1

blc4,lengt1,bott,wleng3,hegt1

blc4,kp2x,bott,wleng3,hegt1

blc4,lengt2,bott,lengt1,hegt1

blc4,bott,hegt1,lengt1,hegt2

blc4,lengt2,hegt1,lengt1,hegt2

allsel

!!*********************分区*************************

nummrg,all,1e-4,1e-4   !!合并节点

numcmp,all

!细观砂浆

asel,u,,,abloc

asel,u,,,a1

asel,u,,,aagg

cm,aconc,area

!混凝土

allsel

asba,abloc,aagg,,dele,keep

```
allsel
numcmp,all
asel,u,,,a1
asel,u,,,aagg
asel,u,,,aconc
cm,amor,area
! 粗骨料界面
allsel
asba,aagg,a1,,dele,keep
allsel
numcmp,all
asel,u,,,abloc
asel,u,,,amor
asel,u,,,aagg
asel,u,,,aconc
cm,aitz1,area
!! ***********************划分网格并赋予材料************************
!! 网格尺寸设置
lsel,s,loc,x,lengt1,lengt2
lsel,r,loc,y,hegt1,hegt
lesize,all,1
lsel,inve
lesize,all,10
allsel
!! 弹性参数
mp,ex,1,ex1 $ mp,nuxy,1,0.2
mp,ex,2,ex2 $ mp,nuxy,2,0.2
mp,ex,3,ex3 $ mp,nuxy,3,0.2
mp,ex,4,ex4 $ mp,nuxy,4,0.2
mp,ex,5,ex5 $ mp,nuxy,5,0.18
mp,ex,6,ex6 $ mp,nuxy,6,0.18
!! 网格类型设置
mshape,0
mat,1
asel,s,,,a1
amesh,all
mshape,0
mat,2
asel,s,,,amor
amesh,all
```

```
mshape,1
mat,3
asel,s,,,aitz1
amesh,all
mshape,0
mat,4
asel,s,,,aconc
amesh,all
!! 修改显示颜色
esel,s,mat,,1
/color,elem,dgra
esel,s,mat,,2
/color,elem,blue
esel,s,mat,,3
/color,elem,orange
!! 保存
allsel
eplot
save
!! ************************ 计算设置 ********************************
! 加载参数(可修改)
ldmax=400                  ! *最大荷载步
dmax=-4                    ! *最大荷载[Y方向最大位移(mm)]
dp1=-0.00001               ! 初始荷载
nstps=dmax/ldmax           ! 荷载增量

esel,s,mat,,2,
*get,en1,elem,,count
*get,enmin1,elem,,num,min
*dim,enlist1,,en1,2
*vfill,enlist1(1,1),ramp,enmin1,1
*dim,nnlist1,array,en1,4     ! 单元包含的节点列表,指定每个单元包含4个节点
*dim,nnslist1,array,en1,4    ! 单元包含的节点力列表,指定每个单元包含4个节点

esel,s,mat,,3,
*get,en2,elem,,count
*get,enmin2,elem,,num,min
*dim,enlist2,,en2,2
*vfill,enlist2(1,1),ramp,enmin2,1
*dim,nnlist2,array,en2,3     ! 单元包含的节点列表,指定每个单元包含3个节点
```

```
*dim,nnslist2,array,en2,3    ！单元包含的节点力列表,指定每个单元包含3个节点


/nopr
finish
/solu
antype,,

allsel
lsclear,all
cpdele,all
nsel,s,loc,x,bott+10,bott+20           ！*约束加载位置
nsel,a,loc,x,lengt-20,lengt-10         ！*约束加载位置
nsel,r,loc,y,bott
d,all,all,0


nsel,s,loc,y,hegt                      ！*约束加载位置
nsel,r,loc,x,midd-Mleng*0.5,midd+Mleng*0.5 ！*约束加载位置
d,all,uy,dp1


autots,off
nsubst,1

*do,n,1,400
dpn=n*nstps+dp1
nsel,s,loc,y,hegt                      ！*约束加载位置
nsel,r,loc,x,midd-Mleng*0.5,midd+Mleng*0.5 ！*约束加载位置
d,all,uy,dpn
allsel
solve

*do,i,1,en1,1
*do,ii,1,4,1
*get,nnlist1(i,ii),elem,enlist1(i,1),node,ii ！获得砂浆节点编号
*get,nnslist1(i,ii),node,nnlist1(i,ii),s,1    ！获得砂浆节点第一主应力
*enddo
*enddo
*do,i,1,en2,1
*do,ii,1,3,1
*get,nnlist2(i,ii),elem,enlist2(i,1),node,ii ！获得界面节点编号
*get,nnslist2(i,ii),node,nnlist2(i,ii),s,1    ！获得界面节点第一主应力
```

```
* enddo
* enddo
a=0
* do,i,1,en1,1
enlist1(i,2)=(nnslist1(i,1)+nnslist1(i,2)+nnslist1(i,3)+nnslist1(i,4))/4
* if,enlist1(i,2),gt,2.96,then
mpchg,5,enlist1(i,1)
/color,elem,red,enlist1(i,1)   ! 使破坏单元显示为红色
a=a+1
* endif
* enddo
b=0
* do,i,1,en2,1
enlist2(i,2)=(nnslist2(i,1)+nnslist2(i,2)+nnslist2(i,3))/3
* if,enlist2(i,2),gt,1.48,then
mpchg,5,enlist2(i,1)
/color,elem,red,enlist2(i,1)   ! 使破坏单元显示为红色
b=b+1
* endif
* enddo
n=n+1
/focus,1,lengt*0.5,hegt*0.5,0
/dist,,mleng*0.8
eplot
/image,save,ek%dpn%,jpg    ! 输出图片
* enddo
```

参 考 文 献

[1] 翟云,程主,何哲,等. 统筹推进数字中国建设全面引领数智新时代——《数字中国建设整体布局规划》笔谈[J]. 电子政务,2023(6):2-22.

[2] 周金阳. 混凝土防渗墙加固的土石坝有限元分析研究[D]. 南昌:南昌大学,2010.

[3] 林继镛. 水工建筑物[M]. 5版. 北京:中国水利水电出版社,2019.

[4] 周恒,牛乐,李厚峰,等. 黄河上游水电开发与生态保护路径研究[J]. 海河水利,2023(6):12-18.

[5] 位铁强. 学习百年党史凝聚奋进力量全力推动河北水利实现高质量发展[J]. 河北水利,2021(6):4-7.

[6] 宋孝忠. 中国水利高等教育百年发展史初探[J]. 华北水利水电学院学报(社科版),2013,29(4):1-5.

[7] 汝乃华,牛运光. 大坝事故与安全·土石坝[M]. 北京:中国水利水电出版社,2001.

[8] 郭诚谦,陈慧远. 土石坝[M]. 北京:中国水利水电出版社,1992.

[9] 国际大坝委员会第27届大会暨第90届年会在法国马赛召开[J]. 大坝与安全,2022(3):31.

[10] 谭界雄. 我国土石坝技术近年来的发展[J]. 人民长江,1992(6):11-16.

[11] 李瑜,王旭,吴然然,等. 大坝安全状况分析[J]. 山东工业技术,2019(9):103.

[12] 闫帅,王扬. 对新形势下项目管理在水利工程建设中的应用分析[J]. 现代物业(中旬刊),2019(3):139.

[13] 钟华,何家华. 浅谈水利工程对社会经济发展的重要性[J]. 民营科技,2010(9):205.

[14] 邢福俊. 中国水环境的改善与城市经济发展[D]. 大连:东北财经大学,2002.

[15] 中华人民共和国水利部. 混凝土拱坝设计规范:SL 282—2018[S]. 北京:中国水利水电出版社,2018.

[16] 中华人民共和国水利部. 混凝土重力坝设计规范:SL 319—2018[S]. 北京:中国水利水电出版社,2018.

[17] 中华人民共和国水利部. 水工建筑物抗震设计规范:SL 203—97[S]. 北京:中国水利水电出版社,1997.

[18] 中华人民共和国水利部. 碾压式土石坝设计规范:SL 274—2020[S]. 北京:中国水利水电出版社,2002.

[19] Biot M A. Analytical and experimental methods in engineering seismology[J]. Transactions of the American Society of Civil Engineers,1943,108(1):365-385.

[20] Housner G W. Applied mechanics,statics[M]. New York:American Society of Mechanical Engineers,1948.

[21] Veletsos A S,Newmark N M. Determination of natural frequencies of continuous plates hinged along two opposite edges[J]. Journal of Applied Mechanics,1956,23(1):97-102.

[22] 樊建领. 中小型土石坝渗流的数值模拟及其应用研究[D]. 兰州:兰州理工大学,2008.

[23] 王旭东,张立翔,段其品. 基于ANSYS的碾压混凝土重力坝抗震稳定性分析[J]. 中国水运(下半月),2018,18(3):189-190+196.

[24] 马跃,沈振中,甘磊,等. 岩滩溢流重力坝抗震安全分析和评价[J]. 水利与建筑工程学报,2010,8(2):20-22.

[25] 曾迪. 武都碾压混凝土重力坝抗震分析与安全评价[J]. 灾害学,2010,25(S1):111-114.

[26] 王旭东,张立翔,朱兴文. 地震作用下混凝土重力坝极限抗震能力分析[J]. 水力发电,2019,45(1):23-27.

[27] 周兵. 地震作用下某重力坝极限抗震能力分析[J]. 水科学与工程技术,2021(2):80-83.

[28] 王铭明. 高重力坝抗震措施及坝体—库水—地基系统动力相互作用研究[D]. 大连:大连理工大学,2012.

[29] 宋良丰,武明鑫,王进廷,等. 拱坝孔口地震反应分析的有限元子模型方法[J]. 水力发电学报,2014,33(3):216-222+238.

[30] Lam L,Fredlund D G,Barbour S L. Transient seepage model for saturated-unsaturated soil systems:a geotechnical engineering approach[J]. Canadian Geotechnical Journal,1987,24(4):565-580.

[31] Zhong W,Tan Z,Wang X,et al. Numerical simulation of stability analyzing for unsaturated slope with rainfall infiltration[J]. Journal of Networks,2014,9(5).

[32] Zhan T L T,Qiu Q W,Xu W J. Analytical solution for infiltration and deep percolation of rainwater into a monolithic cover subjected to different patterns of rainfall[J]. Computers and Geotechnics,2016,77:1-10.

[33] 叶乃虎. 土工膜在土石坝工程中的应用研究[D]. 南京:河海大学,1999.

[34] 许玉景,孙克俐,黄福才. ANSYS软件在土坝渗流稳定计算中的应用[J]. 水力发电,2003(4):69-71.

[35] 于斌. 平原水库增容扩建技术土坝渗流分析研究[D]. 济南:山东大学,2008.

[36] 马洪图. 基于ANSYS的阁山水库土石坝稳定性及渗流分析[D]. 哈尔滨:哈尔滨工程大学,2018.

[37] 刘敏义. 大体积混凝土底板温度裂缝控制机理及有限元分析[D]. 合肥:安徽建筑大学,2017.

[38] 刘亚基. 大体积混凝土浇筑块温度应力场仿真分析[D]. 昆明:昆明理工大学,2011.

[39] Wilson E. Discussion of "Analysis of Frames with Nonlinear Behavior"[J]. Transactions of the American Society of Civil Enginecrs,1961,126:846-847.

[40] Wilson E L,Nickell R E. Application of the finite element method to heat Conduction analysis[J]. Nuclear Engineering & Design,1966,4(3):276-286.

[41] Lee U K,Kang K I,Kim G H. Mass concrete curing management based on ubiquitous computing[J]. Computer-Aided Civil and Infrastructure Engineering,2006,21(2):148-155.

[42] Marti-Vargas J R. Considerations for handling of mass concrete:control of internal restraint[J]. ACI Materials Journal,2014,111(1):3-11.

[43] Sabbagh-Yazdi S,Amiri-SaadatAbadi T,Wegian F M. 2D Linear Galerkin finite volume analysis of thermal stresses during sequential layer settings of mass concrete considering contact interface and variations of material properties:part 1:thermal analysis:technical paper[J]. Journal of the South African Institution of Civil Engineering = Joernaal van die Suid-Afrikaanse Instituut van Siviele Ingenieurswese,2013,55(1):94-101.

[44] Abel M F,Zhang S D,Li M Y. Spatial thermal crack control in mass concrete[J]. 结构工程师,2012,28(6):54-59.

[45] 张国新,朱伯芳,杨波,等. 水工混凝土结构研究的回顾与展望[J]. 中国水利水电科学研究院学报,2008(4):269-278.

[46] 张国新,艾永平,刘有志,等. 特高拱坝施工期温控防裂问题的探讨[J]. 水力发电学报,2010,29(5):125-131.

[47] 朱伯芳,张国新,许平,等. 混凝土高坝施工期温度与应力控制决策支持系统[J]. 水利学报,2008(1):1-6.

[48] 朱伯芳,张国新,徐麟祥,等. 解决重力坝加高时温度应力的新思路和技术[J]. 水力发电, 2003(11): 26-30.

[49] 朱伯芳,王同生,丁宝瑛. 重力坝和混凝土浇筑块的温度应力[J]. 水利学报, 1964(1): 25-36.

[50] 朱伯芳. 混凝土浇筑块的临界表面放热系数[J]. 水利水电技术, 1990(4): 14-16.

[51] 朱伯芳. RCC坝仿真计算非均匀单元的初始条件[J]. 水力发电学报, 2000(1): 81-85.

[52] Elbarbary E M E E, Elgazery N S. Chebyshev finite difference method for the effects of variable viscosity and variable thermal conductivity on heat transfer from moving surfaces with radiation[J]. International Journal of Thermal Sciences, 2004(9): 889-899.

[53] Renauld M L, Lien H, Wilkening W W. Probing the elastic-plastic, time-dependent stress response of test fasteners using finite element analysis[J]. Journal of ASTM International, 2006(7): 10.

[54] Lawrence A M, Tia M, Ferraro C C, et al. Effect of early age strength on cracking in mass concrete containing different supplementary cementitious materials: experimental and finite-element investigation[J]. Journal of Materials in Civil Engineering, 2012, 24(4): 362-372.

[55] 熊清蓉,肖明,胡田清. 砂化岩体在开挖干扰下弹塑性损伤数值模拟[J]. 四川大学学报(自然科学版), 2013, 50(1): 90-96.

[56] 麦家煊. 水管冷却理论解与有限元结合的计算方法[J]. 水力发电学报, 1998(4): 32-42.

[57] 李富春,吴海森. 超长地下室大体积混凝土温控有限元模拟及开裂风险分析[J]. 水运工程, 2019(11): 13-19.

[58] 石伟. 有限元分析基础与应用教程[M]. 北京: 机械工业出版社, 2010.

[59] 张洪才. ANSYS 14.0理论解析与工程应用实例[M]. 北京: 机械工业出版社, 2013.

[60] 邵敏,王勖成. 有限单元法基本原理和数值方法[M]. 2版. 北京: 清华大学出版社, 1997.

[61] 王勖成. 有限单元法[M]. 北京: 清华大学出版社, 2003.

[62] 陈浩. 基于扩展有限单元法的高温超导块体裂纹问题研究[D]. 兰州: 兰州大学, 2022.

[63] Cliffs E. Finite element procedures in engineering analysis[M]. Prentice-Hall, 1982.

[64] 张勇,岑章志,王勖成. 等径三通的三维有限元自动分析[J]. 压力容器, 1989(4): 36-40.

[65] 张社荣,黎曼,王高辉,等. 混凝土重力坝抗震破坏等级及安全评价方法[J]. 水电能源科学, 2013(8): 84-88.

[66] 程尧平. 混凝土重力坝整体抗震安全性研究[D]. 天津: 天津大学, 2008.

[67] 陈能平. 光照200m级高碾压混凝土重力坝筑坝技术研究[R]. 贵州, 中国水电顾问集团贵阳勘测设计研究院, 2010.

[68] 吕长安. 实现水资源可持续利用保障国民经济可持续发展[J]. 河北水利, 2003(3): 9-10.

[69] 黄耀英,包腾飞. 基于规范法的重力坝应力分析改进[J]. 水力发电, 2015, 41(1): 39-41.

[70] 陈灯红,王睿楠,林天成,等. 基于耐震时程法的高拱坝地震易损性分析[J]. 水力发电学报, 2023: 1-12.

[71] 田晔,欧斌. 基于时程分析法的重力坝损伤破坏研究[J]. 陕西水利, 2022(10): 1-4.

[72] Ye S H, Zhang R H. Stability analysis of multistage loess slope under earthquake action based on the pseudo-static method[J]. Soil Mechanics and Foundation Engineering, 2023: 1-10.

[73] 简鹏,李文彦,郭红东,等. 基于拟静力法的不同地震工况斜坡单元危险性评价方法研究[J]. 甘肃地质, 2023, 32(1): 76-86.

[74] 汪泓,傅鹤林,王成洋,等. 基于拟静力法的地震作用下隧道掌子面动态稳定性上限分析[J]. 矿业研究与开发, 2023, 43(2): 95-101.

[75] 马强,夏鹏飞,党侃. 基于地震反应谱的某RCC高拱坝应力及稳定分析[J]. 杨凌职业技术学院学

报，2022，21(3)：11-14.

[76] 安腾．地下结构震害及抗震分析方法综述[J]．价值工程，2018，37(11)：244-245.

[77] 王文松，尹光志，魏作安，等．高烈度地震区细粒尾矿上游法筑坝动力反应与稳定性分析[J]．岩石力学与工程学报，2017，36(5)：1201-1214.

[78] 倪汉根，金崇磐．大坝抗震特性与抗震计算[M]．大连：大连理工大学出版社，1994.

[79] 王亚勇，王理．结构动力反应计算中几种数值方法的精度、速度和稳定性分析[J]．建筑科学，1988(4)：15-23.

[80] 中国水利水电勘测设计协会．水利水电工程勘测设计新技术应用[M]．北京：中国水利水电出版社，2020.

[81] 杜荣强．混凝土静动弹塑性损伤模型及在大坝分析中的应用[D]．大连：大连理工大学，2006.

[82] 李茂清．考虑温度荷载的特高拱坝力学性能有限元分析[J]．水科学与工程技术，2023(3)：38-41.

[83] 李利红．混凝土拱坝地震动应力分析与研究[D]．沈阳：沈阳农业大学，2006.

[84] 王松涛，曹资．现代抗震设计方法[M]．北京：中国建筑工业出版社，1997.

[85] 黄左坚．在工程抗震设计中应注意的几个问题[J]．工程抗震，2002(3)：24-27.

[86] 王文斌，刘建军，邓苑苑．水工建筑物的抗震研究：中国科协2005年学术年会[C]．乌鲁木齐，2005.

[87] 林皋，陈健云．混凝土大坝的抗震安全评价[J]．水利学报，2001(2)：8-15.

[88] 赖昭睿．砌石拱坝拉应力控制问题探讨[J]．水利科技，2021(3)：58-61.

[89] 王倪进．砌石连拱坝三位有限元静力分析及加固效应研究[D]．南京：河海大学，2006.

[90] 李同春，温召旺．拱坝应力分析中的有限元内力法[J]．水力发电学报，2002(4)：18-24.

[91] 窦艳飞．基于ANSYS的浆砌石拱坝应力分析[J]．治淮，2016(9)：28-29.

[92] 申杰华．混凝土徐变对拱坝应力状态的影响[J]．水利学报，1986(2)：60-65.

[93] 石立，郭嘉晖，陈健云，等．基于拱梁分载法的拱坝应力分析[J]．水力发电，2021，47(5)：61-66.

[94] 方忠国，杨安玉．基于拱梁分载法的拱坝应力分析[J]．小水电，2019(5)：8-13.

[95] 马强．基于有限元法及拱梁分载法的RCC拱坝应力计算分析[J]．四川水泥，2017(10)：294.

[96] 朱伯芳．有限单元法原理与应用[M]．北京：水利电力出版社，1979.

[97] 刘丹．大体积混凝土温度-应力场理论研究和应用现状综述[J]．混凝土与水泥制品，2022(3)：17-23.

[98] 徐艳华．大体积混凝土水化热温度场数值分析[J]．低温建筑技术，2011，33(10)：13-15.

[99] 张哲．大体积混凝土浇筑裂缝成因与解决方案[J]．石材，2023(11)：101-103.

[100] 张晓飞．大体积混凝土结构温度场和应力场仿真计算研究[D]．西安：西安理工大学，2009.

[101] Yang B G，He P，Peng G Y，et al. Temperature-stress coupling mechanism analysis of one-time pouring mass concrete[J]. Thermal Science，2019，23：231-231.

[102] 司马俊华，张世联．非稳态导热温度场及热应力的有限元计算[J]．船舶力学，2006(4)：98-104.

[103] Dechaumphai A M N W P，Dechaumphai A M W. Fractional four-step finite element method for analysis of thermally coupled fluid-solid interaction problems[J]. Applied Mathematics and Mechanics，2012，33(1)：667-680.

[104] 陈廷华，孙学坤．环境温度和浇筑温度对混凝土温度应力耦合作用分析[J]．中国新技术新产品，2023(11)：120-122.

[105] 朱伯芳．大体积混凝土温度应力与温度控制[M]．北京：中国电力出版社，1999.

[106] 李灿，熊俊驰，梁栋，等．大体积混凝土早期温度应力及裂缝控制仿真模拟与试验研究[J]．混凝土与水泥制品，2023：1-6.

[107] 杨杰,毛毳,侯霞,等.大体积混凝土温度场及温度应力的有限元分析[J].天津城市建设学院学报,2012,18(4):270-274.

[108] 王一凡,宁兴东,陈尧隆,等.大体积混凝土温度应力有限元分析[J].水资源与水工程学报,2010,21(1):109-113.

[109] 谭小蓉.大体积混凝土温度应力有限元分析[J].四川建材,2011,37(6):31-32.

[110] 周权,黄华.大坝安全监测数据分析方法研究[J].科技创新与应用,2018(17):119-120.

[111] Zhu Q Y, Fang G H. Evaluation index system for positive operation of water conservancy projects[J]. Water Science and Engineering, 2009, 2(4):110-117.

[112] 汪大全.国内外溃坝事件对大坝安全管理的启示[J].水利技术监督,2021(6):9-10.

[113] 李君纯.青海沟后水库溃坝原因分析[J].岩土工程学报,1994(6):1-14.

[114] 袁辉,马福恒,向衍.青海省英德尔水库溃坝现场调查分析:第五届全国水利工程渗流学术研讨会[C].南京,2006.

[115] 解家毕,孙东亚.全国水库溃坝统计及溃坝原因分析[J].水利水电技术,2009,40(12):124-128.

[116] 李权.ANSYS在土木工程中的应用[M].北京:人民邮电出版社,2005.

[117] 王允诚,邓英尔,刘慈群,等.高等渗流理论与方法[M].北京:科学出版社,2004.

[118] Yan X, Lin W, Wu S H, et al. Seepage analysis of the fractured rock mass in the foundation of the main dam of the Xiaolangdi water control project[J]. Environmental Earth Sciences, 2015, 74(5):4453-4468.

[119] Jie Y, Jie G, Mao Z, et al. Seepage analysis based on boundary-fitted coordinate transformation method[J]. Computers and Geotechnics, 2004, 31(4):279-283.

[120] Ayvaz M T, Karahan H. Modeling three-dimensional free-surface flows using multiple spreadsheets[J]. Computers and Geotechnics, 2007, 34(2):112-123.

[121] Desai C S. Finite element residual scheme for unconfined flow[J]. International Journal for Numerical Methods in Engineering, 1976, 10(6):1415-1418.

[122] 王星,任立群,顾声龙,等.基于Fluent的混凝土面板堆石坝渗流的数值模拟[J].水利水电技术,2018,49(3):67-72.

[123] 吴梦喜.饱和-非饱和土中渗流Richards方程有限元算法[J].水利学报,2009,40(10):1274-1279.

[124] 黄蔚,刘迎曦,周承芳.三维无压渗流场的有限元算法研究[J].水利学报,2001(6):33-36.

[125] Rafiezadeh K, Ataie-Ashtiani B. Three dimensional flow in anisotropic zoned porous media using boundary element method[J]. Engineering Analysis with Boundary Elements, 2012, 36(5):812-824.

[126] 秦茂洁.水位骤降情况下的坝坡稳定分析研究[D].广州:华南理工大学,2012.

[127] 王鑫,赵才全,梁军.有限元法在土石坝渗流稳定分析中的运用[J].治淮,2013(7):32-33.

[128] Zhou S, Zheng H K, Chen Y F, et al. Seepage flow analysis of cofferdam in deep overburden foundation[J]. Advanced Materials Research, 2013:864-867, 2340-2345.

[129] 许玉景,孙克俐,黄福才.ANSYS软件在土坝渗流稳定计算中的应用[J].水力发电,2003(4):69-71.

[130] 戴跃华,薛继乐.ANSYS在土石坝有限元计算中的应用[J].水利与建筑工程学报,2007(4):74-76.

[131] 张有天,陈平,王镭.有自由面渗流分析的初流量法[J].水利学报,1988(8):18-26.

[132] Schlangen E, Mier J G M V. Simple lattice model for numerical simulation of fracture of concrete

materials and structures[J]. Materials and Structures, 1992, 25(9): 534-542.

[133] Lilliu G, Mier J G M V. 3D lattice type fracture model for concrete[J]. Engineering Fracture Mechanics, 2003, 70(7-8): 927-941.

[134] Man H K, Mier J G M V. Damage distribution and size effect in numerical concrete from lattice analyses[J]. Cement and Concrete Composites, 2011, 33(9): 867-880.

[135] 张媛媛. ANSYS在土坝渗流场和应力场及其耦合分析中的应用研究[D]. 南京: 河海大学, 2006.

[136] 赵坚, 赖苗, 沈振中. 适于岩溶地区渗流场计算的改进折算渗透系数法和变渗透系数法[J]. 岩石力学与工程学报, 2005(8): 1341-1347.

[137] 贺晓明, 李智录, 王淑贤. 对利用ANSYS热分析模块分析渗流场问题的探讨: 水与社会经济发展的相互影响及作用——全国第三届水问题研究学术研讨会[C]. 西安, 2005.

[138] Bažant Z P, Tabbara M R, Kazemi M T, et al. Random particle model for fracture of aggregate or fiber composites[J]. Journal of Engineering Mechanics, 1990, 116(8): 1686-1705.

[139] 马怀发, 陈厚群, 黎保琨. 混凝土细观力学研究进展及评述[J]. 中国水利水电科学研究院学报, 2004(2): 46-52.

[140] Zaitsev J W, Wittmann F H. Crack propagation in a two-phase material such as concrete[C]//Int Conf on Fracture, 1978.

[141] A F C, A C M, F. V. Donzé b. Numerical study of rock and concrete behaviour by discrete element modelling[J]. Computers and Geotechnics, 2000, 27(4): 225-247.

[142] Ng T T. Triaxial test simulations with discrete element method and hydrostatic boundaries[J]. Journal of Engineering Mechanics, 2004, 130(10): 1188-1194.

[143] Kuhn, Matthew R. Smooth convex three-dimensional particle for the discrete-element method[J]. Journal of Engineering Mechanics, 2003, 129(5): 539-547.

[144] 杜修力, 金浏. 混凝土静态力学性能的细观力学方法述评[J]. 力学进展, 2011, 41(4): 411-426.

[145] Cook B K, Jensen R P. Discrete element methods: numerical modeling of discontinua[M]. American Society of Civil Engineers, 2002.

[146] Cundall P A, Strack O D L. Discussion: A discrete numerical model for granular assemblies[J]. Géotechnique, 1980, 30(3): 331-336.

[147] 杜成斌, 孙立国. 任意形状混凝土骨料的数值模拟及其应用[J]. 水利学报, 2006(6): 662-667.

[148] Fang Q, Zhang J. 3D numerical modeling of projectile penetration into rock-rubble overlays accounting for random distribution of rock-rubble - ScienceDirect[J]. International Journal of Impact Engineering, 2014, 63(1): 118-128.

[149] Wriggers P, Moftah S O. Mesoscale models for concrete: Homogenisation and damage behaviour [J]. Finite Elements in Analysis & Design, 2006, 42(7): 623-636.

[150] 任朝军, 杜成斌, 戴春霞. 三级配混凝土单轴破坏的细观数值模拟[J]. 河海大学学报(自然科学版), 2005(2): 177-180.

[151] 马怀发, 陈厚群, 吴建平, 等. 大坝混凝土三维细观力学数值模型研究[J]. 计算力学学报, 2008(2): 241-247.

[152] 刘光廷, 王宗敏. 用随机骨料模型数值模拟混凝土材料的断裂[J]. 清华大学学报(自然科学版), 1996(1): 84-89.

[153] Caballero A, Carol I, López C M. 3D meso-mechanical analysis of concrete specimens under biaxial loading[J]. Fatigue & Fracture of Engineering Materials & Structures, 2007, 30(9): 877-886.

[154] Zhu W C, Tang C A. Numerical simulation on shear fracture process of concrete using mesoscopic mechanical model[J]. Construction and Building Materials, 2002, 16(8): 453-463.

[155] 朱万成, 唐春安, 滕锦光, 等. 混凝土细观力学性质对宏观断裂过程影响的数值试验[J]. 三峡大学学报(自然科学版), 2004(1): 22-26.

[156] Zhu W C, Tang C A, Wang S Y. Numerical study on the influence of mesomechanical properties on macroscopic fracture of concrete[J]. Structural Engineering and Mechanics, 2005, 19(5): 519-533.

[157] Zdeněk P. Baant, Caner F C, Adley M D, et al. Fracturing rate effect and creep in microplane model for dynamics[J]. Journal of Engineering Mechanics, 2000, 126(9): 962-970.

[158] 邢纪波, 俞良群, 张瑞丰. 用于模拟颗粒增强复合材料破坏过程的梁-颗粒细观模型的实验验证[J]. 实验力学, 1998(3): 102-107.

[159] Mohamed A R, Hansen W. Micromechanical modeling of crack-aggregate interaction in concrete materials[J]. Cement and Concrete Composites, 1999, 21(5-6): 349-359.

[160] Wang Z M, Kwan A K H, Chan H C. Mesoscopic study of concrete I: Generation of random aggregate structure and finite element mesh[J]. Computers and Structures, 1999, 70(5): 533-544.

[161] Schutter G D, Taerwe L. Random particle model for concrete based on Delaunay triangulation[J]. Materials and Structures, 1993, 26(2).

[162] Walraven J C, Reinhardt H W. Concrete mechanics. Part A: Theory and experiments on the mechanical behavior of cracks in plain and reinforced concrete subjected to shear loading[J]. Nasa Sti/recon Technical Report N, 1981, 82.

[163] 杜修力, 田瑞俊, 彭一江. 预静载对全级配混凝土梁动弯拉强度的影响[J]. 地震工程与工程振动, 2009, 29(2): 98-102.

[164] 方秦, 张锦华, 还毅, 等. 全级配混凝土三维细观模型的建模方法研究[J]. 工程力学, 2013, 30(1): 14-21.

[165] 张锦华, 方秦, 龚自明, 等. 基于三维细观模型的全级配混凝土静态力学性能的数值模拟[J]. 计算力学学报, 2012, 29(6): 927-933.

[166] Leite J P B, Slowik V, Apel J. Computational model of mesoscopic structure of concrete for simulation of fracture processes[J]. Computers and Structures, 2007, 85(17-18): 1293-1303.

[167] Wang L, Park J Y, Fu Y. Representation of real particles for DEM simulation using X-ray tomography[J]. Construction and Building Materials, 2007, 21(2): 338-346.

[168] 曹果. 水工大骨料混凝土宏-细观随机特性及数值模拟方法研究[D]. 武汉: 武汉大学, 2021.

[169] 唐欣薇. 基于宏细观力学的混凝土破损行为研究[D]. 北京: 清华大学, 2009.

[170] Li S, Li Q. Method of meshing ITZ structure in 3D meso-level finite element analysis for concrete[J]. Finite Elements in Analysis and Design, 2015, 93(Jan.): 96-106.